U0264783

德国生态建设见闻与启示

主　编：刘鹏照

副主编：徐全征　丰　彦　王海建

编　委：吴志成　周瑞明　宋　军　王长永　赵英民　宋　崴
　　　　于文波　王云龙　高晓波　金宝忠　薛俊亭

中国海洋大学出版社
·青岛·

图书在版编目(CIP)数据

德国生态建设见闻与启示 / 刘鹏照主编. —青岛：
中国海洋大学出版社,2012.12
ISBN 978-7-5670-0183-1

Ⅰ.①德⋯ Ⅱ.①刘⋯ Ⅲ.①生态环境建设－德国－
文集 Ⅳ.①X321.516-53

中国版本图书馆 CIP 数据核字(2012)第 285438 号

出版发行	中国海洋大学出版社	
社　　址	青岛市香港东路 23 号	**邮政编码**　266071
出 版 人	杨立敏	
网　　址	http://www.ouc-press.com	
电子信箱	2233439609@qq.com	
订购电话	0532－82032573(传真)	
责任编辑	陈梦	
印　　制	青岛海蓝印刷有限责任公司	
版　　次	2013 年 4 月第 1 版	
印　　次	2013 年 4 月第 1 次印刷	
成品尺寸	170 mm×240 mm	
印　　张	10.5	
字　　数	220 千	
定　　价	38.00 元	

前　言

2011年11月20日至12月10日，青岛经济技术开发区组织15名机关干部赴德国考察，围绕中德生态园建设这一专题进行了为期20天的培训，本人作为领队参加了此次培训。

培训是委托德国"卡尔·杜伊斯堡公益中心"（Carl Duisberg Center）组织实施的，该中心是一家专业培训机构，主要从事德语、英语培训和企业、政府管理培训，同时为中德双方合作牵线搭桥。该中心成立于1962年，总部设在科隆，由德国化学家、工业家、拜耳公司创始人卡尔·杜伊斯堡创立，是中国外国专家局认可的海外培训基地；目前拥有200名员工，在德国有8个培训基地，2010年营业额2400万欧元；2007年在北京设立分支机构，有7名工作人员。

此次培训的所有日程安排由杜伊斯堡中心负责，采取集中听课和实地参观相结合的形式进行，这也是该中心传统的培训形式。11月21日至25日集中在科隆市的杜伊斯堡中心上课，内容主要包括新能源开发利用、生态环境保护、工业园区规划建设等。11月26日至12月9日主要到相关城市参观工业园区、新能源利用以及职业教育发展等情况，行程近4000千米，考察、参观18个城镇。通过学习参观，对德国生态建设、新能源开发、职业教育等情况有了一个概略的了解；对德国的城乡面貌、风土人情、文化宗教等留下了深刻印象。大家普遍认为德国的公民素质、公共秩序、经济发展、环境保护、生态建设等各个方面都有值得我们学习和借鉴的地方。我国自改革开放以来经济快速发展，人民生活水平不断提高，城乡面貌也发生巨大变化。但与德国相比仍有很大的差距，既有基础的不足，又有发展中的问题。百年之前有识之士就提出了"中学为体，西学为用"、"师夷之长以治夷"的口号，并且实施了洋务运动，百年过去了，时势变化了，但差距仍在。作为发展中的问题我们存在粗放式、高能耗、高污染问题，破坏了生态，浪费了资源，使可持续发展受到影响。

德国占地35万平方千米，人口8000万。20天内我们乘车绕德转了一圈，所到之处，目之所及，都是绿色齐整的牧场草地和间杂其间的片片茂密树林。蓝天白云下，星罗棋布地分散着一个个村庄，安静而整洁，感觉整个德国就是一个大的生态公园，一个大的高尔夫球场。看得出，这生态环境的造就既有科学严格的规划和监管，又有精心细致的修饰和自然养育。穿行在这样的城市和乡村之间，使你感觉不到疲劳，疲劳也不忍闭眼。

了解学习德国在生态区建设、新能源开发利用方面的经验做法是此行的主要目的。在这方面德国既有超前的意识，又有科学的理念，更有具体的措施和严格的监管。据介绍，德国目前新能源利用已占到20%，主要包括太阳能、风能、水能、生物能，是欧盟成员国中做得最好的国家，下步目标是2020年达35%。这一方面得益于政府的扶持补贴政策和细致周到的服务，另一方面也反映了德国民众超强的节能环保意识。随处可见的风车和太阳能房顶，说明了新能源利用的普及程度，而我们参观的"未来能源中心"和太阳能供热试验小区，使我们看到了德国新能源利用的具体行动和发展前景。

　　德国的机械制造世界闻名。今天青岛还流传着许多有关德国制造的神奇故事，有一故事讲青岛大教堂顶部的大钟表机芯百年不坏，而现在来青检修者竟是当时造钟者的孙子。还有一则青岛人皆知的故事，德国人百年前修的下水道至今仍在使用，而当发现某个部位出问题时竟能找到百年前预留的备用件。这些都不是神话故事。在德国诸如奔驰、宝马、大众、保时捷、Bosch、西门子等等。这些百年企业、世界名牌，无不折射出德国人严谨认真、诚实守信、精益求精的品格。在德国，男人自己制作家具、小工艺品是一种爱好，也是一种风气，更是一种能力。凡到德国者必带几件"双立人"品牌的刀具或自用或送人。所以，不在产品的大小，不在工艺的简繁，是一种追求品质的民族精神的体现。

　　吃饭是人生大事，饮食也是一种文化。在德国期间，大家对其早餐大加赞赏，既丰盛、又美味，尤其面包更是品类众多，香甜可口。导游介绍在德国有"早餐吃得像国王，午餐吃得像仆人，晚餐吃得像乞丐"的说法。更让我深思的是，各地的宾馆在饭菜种类、口味等方面都几近相同，如面包形状、口味、菜的花式品种等。后来了解，这得益于德国完善的"双元制"职业教育体系，德国职业教育实行"双元制"，有点类似"半工半读"，其学习课程由教育行政部门设置，工厂培训；考核由德国"工商会"组织，实行全国统一大纲、统一标准，各地工商会或其他行业组织考核、发证。没有三年的学徒工夫，不能毕业，不毕业则拿不到毕业证，无证则不能上岗，这样就保证每个工种的质量和标准。

　　当我们走在城市的街道或穿行在乡间的公路上的时候，我们感觉到德国建筑的魅力所在。各个建筑物间有统一的格调，但不是单调的重复，颜色不一样，但不失美观协调，布局不整齐划一，而是错落有致，无杂乱之感。看上去简朴而坚固，大方而美观。从商店到旅馆，从高楼到平房，不管豪华与简陋，几乎所有门窗都厚重、实用、安全，也体现着一种制作的精细和标准的统一。

　　同时，我们也感受到了德国的人文风俗，素质风貌。德国是宗教信仰单一国家，大部分人信奉基督教，几乎每个城市都有古老而华丽的教堂，以科隆大教堂为典型，据说此教堂先后用了600多年时间才建成，而在乡村我们也参观了几个规模较小的教堂，都是装饰豪华、庄重肃穆的风格。每到周末，人们都会放弃一切活动，到教堂虔诚地做礼拜，德国人的文明素质，从大街上车人穿行的井然秩序可见一斑。

20天里，无论从哪个方面讲，我们对德国的了解都是肤浅的，甚至是有偏差的。所以，自己所感虽然真实，但不敢妄谈正确，只是有感而发而已，但无论如何，我们到了德国，看了真实的德国，尤其抱着学习的态度而去，我们就不能不承认其优点所在，就不能不进行对照比较。承认别人的长处不是崇洋媚外，看到自己的差距也不是妄自菲薄。扬长补短，急起直追才是正确态度。差距虽然大，问题固然多，但只要我们正视现实、科学谋划、矢志不渝，就一定能实现自强，实现赶超。中国的发展使我们看到了希望，也坚定了信心，但看看德国等发达国家的发展，我们更感任重而道远。

此行学员都是青岛开发区局级（处）干部，都有良好的文化理论基础和丰富的实际工作经验，回国后每个人都结合自己工作把在德国学习考察的体会形成自己的论文。为了总结此次培训学习的收获，以期对中德生态园乃至自己的工作有所受益。特将此次培训学习听到、看到和想到的分两部分编辑成册，偏失之处，固然存在，有益启示，亦可珍视。

刘鹏照

2012 年 1 月

目　录

见 闻 篇

第一章 课堂讲解

关于德国新能源发展情况的介绍

时间：2011 年 11 月 21 日 14:00
主讲：科隆大学国民经济专业硕士　科尼斯贝格先生

科尼斯贝格先生介绍德国新能源发展情况

一、关于新能源发展政策

我们的地球既是迷人的家园，又是容易被破坏的。为保护环境，实现可持续发展，德国政府鼓励和扶持使用新能源，实行环保、可持续的能源政策，鼓励利用可再生能源。能源政策的立法、扶持政策等工作由联邦政府经济部和环保部负责，旨在提高能源利用效率、实现能源供应现代化、资源保护性地使用能源等目标。

二、新能源应用情况介绍

2009 年德国沼气发电量占欧盟的 43%，其次是英国、荷兰等国家沼气应用较多。2011 年 8 月 20 日，德国新能源发电量占总发电量的比例达到 20%。

2010 年德国发电构成表　　　　　　　　单位：TW•h

总发电量 624.7					
核能发电量 （23%）	新能源发电量 （17%）				传统能源 发电量 （60%）
140.6	风能	太阳能	生物能	水能	382
	37.8	11.7	33.3	20	

学员参观北威州绿色技术（CleanTechaNrw）中心

（一）生态指标的有关情况

欧盟，各成员国 2010 年能源消耗量指标降低了 20%；与 2011 年相比，到 2020 年，民用建筑节能 27% ～ 30%，工业节能 25%，交通节能 26%。根据该项规定，欧盟范围每年将节约 100 亿欧元，相当于节约 39 千万吨标油，二氧化碳排放每年减少 78 千万吨。

为实现上述目标，2020 年前，每个欧盟成员国要根据欧盟总的生态目标制定各自目标，即新能源使用要占到总能源消耗的 20%。德国在 2011 年已达到该目标，并将新目标提高到 30%，其中用于供热的 30% 的能源要来自新能源。2011 年 6 月，德国制定颁布了《供热供电新能源法律修改案》，并将新能源利用率标准提高到 35%。为此，电网、发电站等都将做出布局调整。

（二）扶持政策

德国为实现新能源利用率的 35% 的指标，要求供热、供电等相关领域须紧密合作，联邦、各州、地方政府等都要制定相应的扶持政策。

（1）联邦政府方面：科研部门和有关机构负责政策制定和风能、太阳能等新能源应用项目的具体落实。扶持政策包括税收优惠（如将使用普通能源交纳的税收用以支持新能源的开发与应用；使用新能源不交税并给予其他优惠）、低息贷款等。

德国能源中心（DENA）是负责新能源发展的重要部门，可以确定国家扶持资金支持的项目，界定哪些新技术是可以获得国家扶持的，哪些不行。德国联邦经济与出口总署负责确定小项目的扶持对象和资金支持额度，并设有调节中心，用以调节扶持资金使用中出现的问题。

（2）州政府方面：各州设有能源中心、消费者咨询公司和能源顾问，并在新能源应用方面各负其责。

A．州能源中心由联邦能源中心负责管理，其主要职责是落实联邦主管部门的政策，属于执行机构。

B．消费者咨询公司负责为消费者提供用什么样的能源、如何节能、如何使用政策等技术咨询性服务，并出具咨询鉴定报告、收取服务费用。全德国有约600家这类公司。

C．能源顾问是由具有执业资格的人员组成的实体，能够为用户提供能源方面的技术服务，如受委托进行能源检测评估并出具评估报告或证书（能源pass报告），以方便客户进行房屋等交易。

（3）扶持项目过程及扶持范围。确定能源扶持鼓励项目——在哪个州——扶持的能源范围（能效、可再生能源）——扶持范围（全国、州）——扶持对象（企业、个人、中心）——扶持资金数额。

联邦辅信银行是对新能源扶持资金支付的银行，扶持并进行资金以低息贷款或三年不还贷等方式发放，主要用以支持民用建筑节能、住房维修、太阳能装置设置、新能源交通应用、生物发电等项目，如居民区内的小型热电联供电站（一般使用地

刘鹏照副主任向科尼斯贝格先生赠送中国书法

5

源热）可获扶持；资金来源采用政府、社会等多渠道融资方式获得。2009 年，该银行在新能源贷款方面总投资额为 70．34 亿欧元，平均每个项目获得 18.13 万欧元的资金扶持。

州层面主要负责对类似保障性社会用房、文物保护建筑物等发放一定的建筑节能、供热新能源应用方面的扶持或补贴资金。

发电厂对节能建筑用户也发放一定补贴。此外，采用天然气、太阳能取暖的用户也可获得天然气公司、太阳能设备公司给予的一定补贴。供电公司负责补贴的具体发放，用户可从网站获取相关信息，能源中心也都有各自的网站发布相关信息，包括绿色宣传、节能方法等。

三、生态方面项目例子

欧盟范围内勃兰登堡州、立陶宛、威尔士等地区因其污染排放达到 0 排放而获得节能嘉奖。如勃兰登堡州村庄地热、电均使用风能、太阳能、生物质能等可再生能源；北威州 50 个村中已有 37 个村庄实现太阳能村（前提是日照情况要良好）。

绿色经济中心与经济可持续发展

时间：2011 年 11 月 22 日　上午 9:00

主讲：绿色经济中心主任、清洁能源中心、可再生能源新能源中心成员　乔德先生

如何使用能源、实现可持续发展是生活持续改善的重要基础，而 21 世纪最大挑战恰恰在于如何实现经济的可持续发展和合理使用能源，并且这一目标需要国家间、区域间合作才能实现。

一、关于清洁技术

（一）要了解过去才能做好现在的事

黑格尔曾说过：要了解过去才能做好现在的事。过去的中国是发达的，德国曾经侵略过中国，给中德合作带来过阴影。近年来，中国取得了快速发展，中德双方合作也得到了进一步加强，特别是民间的合作日益增多，这为国家间合作创造了条件。

全球气候的不良变化影响了全世界人们的生活质量，如气候变暖、冰山融化（德国楚格峰冰山融化、山体风化）。气候环境的影响是全球性的，会影响世界的经济发展。而我们每个人的行为特别是使用能源的行为都会对全球产生影响。根据统计，从 1891—2011 年间，地球的温度是变化上升的，预测到 2100 年温度还将持续上升，如果人们使用能源的行为有所改善的话，对于阻止地球温度上升将会产生积极意义。德国的国家策略一贯是致力于环境的改善和大气保护的。根据欧盟制定的目标，到 2050 年，温室气体排放降低至目前水平的 20%（即从目前水平降低 80%，主要因素是二氧化碳），而按目前的策略和做法，则只能降低至 60%，只有通过不断地创新如再开展一次工业革命等才能实现 20% 的减排目标。在减排项目构成中，发电类的改变最为不易，只有制定良好的强制性政策，通过工业革新等手段才能降低能耗，达到减排的目的。

（二）德国的环境保护工作

相比较其他国家，德国在环境保护方面是做得很好的。其中，东西德合作关闭了东德的部分老旧企业，包括经济危机导致企业减产，也是促进减排加快的原因。根据当前的减排速度，到 2050 年，德国将实现减排 95% 左右，但即使各国都达到这样的减排水平，预测到 2050 年全球气候温度仍将上升 5℃ 左右。在探索减排的途径和措施方面，能够达成共识的是只有通过工业界的技术革命和创新，才能进一步达到减排的效果。在这方面，中国也做了很多工作，实施了很多措施，值得德

国学习，特别是"十二五"规划中在节能减排、环境保护等方面设定了很多目标，"十二五"规划中 7 个主要产业都对能源的使用做出了规划。德国主要追求可持续的经济发展，2006 年即出台了"能源法"。近年来，中国的高速发展导致出现"能源饥饿"，但政府已着手改善能源的使用方式，节能减排，同时，不断增加新能源的使用，而且增速较快。

在新能源应用方面，中国可能成为德国的竞争对手，如在研发领域中国的投入占国内生产总值的 1.5% 左右，增速在 15% 左右，超过了任何一个西方国家。但应注意两点：一是提高个体工业企业的科研积极性，而不是全靠国家要求，另一方面是科研融资方面，中国企业在超前投入方面做得不够，忙于应对现在的市场，这可能跟所有制形式有关（非自己的企业），只注重短期效应，而缺乏长期考虑。但中国在太阳能领域 5 年来的发展取得了显著成绩，在世界具有了举足轻重的地位，成为德国的主要竞争对手，在提高质量方面成绩显著，加之低成本，其他国家很难与之竞争，德国只有保持在新技术研发方面保持持续发展，才能继续领先世界。

（三）洁净能源的内涵

（1）对环境有利的能源和能源的储备，包括电站技术、可再生能源的来源、能源的储存（燃料电池技术）等。

（2）提高原材料使用率，包括使用生态材料、提高原材料的效益、使用可再生的原材料等。

（3）注重能源效率，包括提高房屋的建筑技术、家用电器生产技术，注重产品生产过程优化、供电网的优化等。

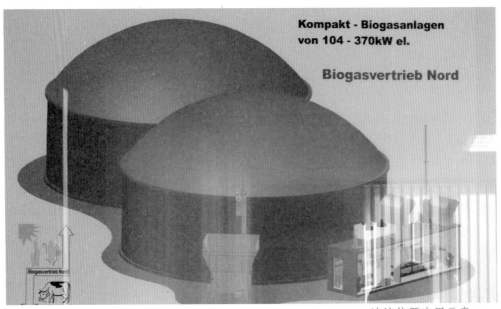

清洁能源应用示意

（4）注重可持续发展，包括提高水电技术和水的供应、处理、使用效率、再使用，污水处理和再回收利用等。

（5）发展循环经济，提高废物回收利用率和垃圾处理率，加强地表保护（工业有毒物质处理后封存而不是直接排放）等。

（6）可持续发展的机车车辆，包括提高汽车制造技术和交通技术水平，加强交通管理等。

预测到2020年，上述市场将达到3万亿欧元。

采取上述措施，主要是达到保护地球的目的。清洁技术是一项综合因素，只有各方面、各个领域综合发展才能真正达到清洁的目标，如风力发电就涉及地基、机组、杆体、安装、运行等若干产业。

（四）新能源的整合应用

风力发电是一项很好的清洁能源，应用前景广阔。但通过对苏黎世200余家风力发电站的分析，结论是只有30%左右的发电站能够赚钱，问题的症结在于最初选择建设风力发电站时对风的预测不准。因此，在新能源的应用中，提前进行分析、预测、评价是十分重要的，要找准清洁能源的切入点才能产生效益。

北威州的工业产值占德国的1/4。在新能源应用方面，北威州有170家新能源应用生产企业，40家服务业企业，115家新能源科研企业（其中100家在大学里）。为支持新能源的发展和应用，北威州对能源领域新创立的企业有很多扶持政策，同时支持现有企业发展。这其中，相关优势资源有机整合起来共同支持某个新兴产业的发展是至关重要的，这需要政府层面的调控和指导，北威州清洁能源整合的做法

Ecopark 工业园内进行沼气发电供暖设备生产情况

包括将应用型的科学研究机构、大型研究所、综合性大学学科、应用技术大学、投资者、孵化器、中小型企业、北威州清洁能源协调中心、工业领域的研究和生产等进行有效整合，形成合力发展新能源，效果显著。

（五）具体操作方式

上面是在宏观层面的做法，微观层面，讲师在朗朗菲特有自己的咨询公司，位于科隆北的迪斯道夫市与科隆之间。朗朗菲特的企业营业税是非常低的，这吸引了很多企业入驻；同时，该市注重节约，居安思危，并积极争取联邦、州政策支持，使得城市收支平衡，实现了零负债（德国很多城市是负债的）。不负债的城市可以做到投资自由，择业而投。人口的减少导致在职人员的养老压力加大（德国个人缴纳的养老金不是全部用于本人，而是主要用于上一代的养老），为缓解这种压力，延长人员的工作年龄至 65.8 岁。为应对这种情况，就要减少城市负债，研究人口情况、产业结构，促进经济发展，创造更多的就业机会，鼓励、帮助、发展服务产业等新兴产业，吸引更多新兴产业企业入驻。具体做法上包括建设配套完善的基础设施、做好产业园区等载体建设等，以吸引企业入驻。但这还远远不够，还需要分析当地现有产业结构，将优势产业的上下游产业吸引进来，形成产业链，如朗朗菲特建立了科技产业园（欧洲 800 个，其中德国 450 个，多为综合园区），园区内涵盖了纳米技术产业园、IT 电信电子产业园、清洁能源产业园等专业产业园。北威州的清洁经济中心负责吸引好的产业落户该州，提供政策等各方面扶持，做法包括对有创业想法的企业、个人提供支持，协调使得创业者能够与大学、研究所开展合作，协调银行为创业者提供金融融资支持、帮助，帮助新创立的企业进入国际市场、欧盟市场，帮助创业者提供商业计划等。北威州成立了绿色创业者协会，并因北威州在清洁能源研发应用方面的工作得到了联邦经济评委的嘉奖，进一步增加了该州的吸引力，可以凝聚更多企业、创业者进驻。

二、北威州绿色技术（CleanTechaNrw）中心情况

北威州是全球第七大经济区，钢铁产量占德国总产量的 50%，化工占 30%，能源占 30%，生物制药占 40%。全球约有 30 多个国家和地区注重绿色技术发展，北威州排名约在第七八位，并且正在努力争取进入到前三四位。在北威州，项目如果得到绿色技术中心认证，北威州政府将给予项目投入 1 倍的资金支持，即假如企业投入到项目的资金为 4000 万欧元，则政府另对该项目给予 4000 万欧元的支持。为促进项目的绿色技术认证，推进绿色技术发展，北威州建立了绿色技术协会，目前已有包括拜耳在内的 80 家工业企业加入了协会，另有 25 家大小不同的科研机构、中小企业参与到该领域中。绿色技术协会 80 个成员在 2009 年共有 65000 名员工，协会成员投入到大学等的科研经费共约 73 亿欧元，并通过协会形成强大的共同体。

（一）关于绿色技术协会

协会成员构成：成员包括钢铁业、化工业、能源业、生物技术领域的企业。

协会 2011 年目标：协会成员经济年增长率 15%，市场占有率每年翻倍；争取创造 5000 个就业机会；减少 25% 的碳排放。

会员企业研究的主要课题包括：

（1）能源的储能技术方面：如何实现电的峰谷调配问题。解决电的峰谷调配的关键是要解决电能的储备，而电能储备问题一直是一项难题，协会成员企业正在尝试通过将电能储备在氢气中从而使气态氢转变成液态进行储存。

（2）余热利用问题。如钢铁行业生产产生的余热、废热如何对外供热利用；将钢铁行业的废气转变成化工行业的原料。

（3）农业循环经济的构成研究。构建从农产品—肥料养鱼立体网络等。

（4）绿色产品品牌建设方面。协会工作除了体现德国制造外，还要创造符合绿色能源标准的从原材料到经营、消费的一系列绿色产品品牌，这不单是经济效益问题，更重要的是社会效益，通过知识产权保护，创造绿色产业的硅谷。

（5）资源要素整合方面。探索并建立大学科研机构、钢铁行业、能源行业、化工业、生物技术领域等各项资源充分整合的机制，通过制定扶持政策促进该行业的迅速发展；通过发展绿色能源，使工业界从以往过分依赖石油，转为依赖生态能源，保证能源链不断，形成多条腿走路。

协会规划目标：2010 年前确定适当的企业并加入协会，形成合作共同体（IBM 已成为会员）；2015 年前，协会企业合作产生实验性产品，如钢铁行业的废气（C2H6—乙烷）变成化工用的原料等，协会获得绿色标志；2020 年前，生态农业、循环农业、立体农业中心成立等。

生态园应做到：各个领域的合作、交流，知识产权保护，技术及科研成果的应用。

（二）关于发挥中小企业作用

德国的中小企业在经济发展中起到了至关重要的作用，如创造就业、创新、纳税等。在世界经济一体化格局下，在如何适应环境、转型快、适应市场、创新发展、夹缝生存等方面，中小企业体现了巨大优势和竞争力。应该看到，中小企业既是资源的消耗者，又是新能源、新技术的开拓者，因此，将中小企业纳入绿色技术协会是至关重要的。当然，大企业和小企业的合作也是有摩擦的，小企业常被不公平对待，所以管理上应更注重扶持中小企业，促进中小企业建立起结构合理、节能领先、减少浪费、专有技术等企业生存发展的重要基础，并在新能源方面就如何拓展业务、提高能源使用率、如何在不破坏知识产权的情况下向别人学习等企业发展壮大的要素上取得突破。

（三）新能源领域中小企业的孵化器如何做

绿色技术协会可以为新能源领域的中小企业提供从成立中小企业的概念想法—到如何应用新能源成为受益者—到利用协会的合作条件发展自己的系列服务，其中一个有利的因素是协会可以利用国家现有的扶持政策来促进企业的健康发展。

（四）关于革新、创新项目的融资问题

受创新项目风险较大、不确定性大等因素影响，德国对创新项目的贷款十分不及时，贷款担保机构也少，导致创新项目发展艰难，社会创新意识被极大地抹杀。这种情况在世界许多国家可能都存在，导致对新能源项目存在贷款难等问题。因此，如何建立新能源项目的筹款体系、风险评估体系，对这个行业健康发展来讲是十分重要的，不要因此将年轻人好的想法扼杀在萌芽里。

创新项目建立的过程：概念阶段（有如雷达的功能，要能够预测未来可能产生的结果）——商务计划（有想法后找到协会、银行，并回答有没有市场、市场大小、能否被允许进入市场等方面的问题，协会要进行分析研判，过滤掉不适合的想法，增加想法的可靠性）——风险评估（协会的审核委员会进行项目或企业评估，包括是否属于创新型产业、产品质量如何、是否符合国家法令法规等，协会可以帮助企业修改计划，以帮助真正好的项目能够成立并获得国家金融贷款支持）——市场调研——项目规划、产品设计——融资计划——提供产品、提供服务——市场营销——客户反馈——工艺技术改进。

再评估：企业经营一段时间后，对企业有关情况进行再评估。评估内容包括合作伙伴、项下资源、产品销售、产品价值、定价、客户群体、客户满意度等，并对评价结果好的企业进行表彰，同时将结果向投资人推荐，促进投资人投资该类企业，推动企业向更好发展。调查结果显示，最后只有 20% 左右的企业存活，为减少国家和企业者的投资浪费，协会的一项工作是努力使更多的企业能够生存下来。

（五）中小企业如何实现绿色生产、节约能耗

200 人以下、年营业额在 2 亿欧元以下的企业属于中小企业。德国鼓励企业实施绿色生产，并已确定生态效益的绿色生产标志，取得该标志的企业可以获得绿色生产证书，以此企业可以扩大合作网络。绿色生产证书须经评估合格后方可取得，参加该项评估的咨询费用、人员培训费用由地方政府给予资助。其中，在人员培训方面，由协会组织到同一行业的成员企业进行现场考察，包括考察能源使用、水处理、环境保护、法律咨询、劳动保护等方面情况，并在企业间轮流进行，以促进企业间相互学习借鉴。同时，提供专家现场咨询服务，解答企业提出的在能源利用等方面存在的问题，给出解决建议方案，并可提供节约能耗方面的咨询成果，部分咨询费用由国家承担。

通过参加绿色标准认证，使企业能够降低能耗，降低生产成本，提高公众形象和认可度，提高产品市场占有率等，促进了企业开展绿色标志认证的积极性；同时，协会也努力缩短绿色认证的时间过程，使原来很长时间降低到几个星期，以降低企业成本，并在塑料行业进行了试点。绿色认证促进了很多企业开展低碳生产，降低了企业生产成本，取得良好的宏观和微观效益。绿色认证（ISO26000）是对可持续发展的一项考评，保护气候是一项全球性工作，德国的经验值得学习。

科隆市基本情况介绍

时间：2011 年 11 月 23 日
主讲：科隆经济促进局副局长、中国部经理 米歇尔

一、视频介绍科隆市城市理念

城市理念为：LIVING WELL WORK WELL EASY GOING HIGHLY PRODUCTIVE。

二、科隆市基本情况

科隆——一座充满活力的城市。

科隆市位于欧洲的中心，人口 100 万人，面积 105 平方千米，是德国第四大城市。科隆地理位置绝佳，交通便利。从科隆大教堂乘地铁 10 分钟即可到达伯恩机场，空中航线可通往世界各地，并可提供经济便捷的航线（20 欧元的机票可到达欧洲很多国家的首都），货运机场夜间照常运行。科隆与德国很多其他城市之间建有便捷的交通体系，1300 列高速列车开往机场、伦敦、布鲁塞尔等地，法兰克福机场距离科隆火车站仅 48 分钟的高速列车车程；同时，与外界联系的高速公路系统发达；水运方面，莱茵河流经科隆市中心，是德国水运最繁忙的河流。

克隆大教堂

13

（一）克隆市的主要产业结构

科隆市的工业等产业结构十分健康，分布均衡。拥有主要生产船用发动机的 DEUTZ 发动机厂，发动机的发明人即出自科隆；拥有汽车工业中心，很多著名品牌的汽车厂家在科隆均设有工厂；拥有很好的化工基地，拜耳、LANXESSDE 等在此设有生产基地；保险业发达，DKV、HDI、DEVK 等知名企业均在此设有基地；媒体业发达，拥有欧洲头号电视城，包括 WDR、N_TV、德国之声等传媒。科隆也是重要的通讯技术大都市，拥有 O2、VODAFONE 等通讯运营商，微软北威州的总部也设于此。科隆的研发业发达，科隆大学拥有 40000 名在校学生，科隆高等技术学院是德国最大的学院，此外还有专科学院、媒体学院、体育学院（德国唯一的一所体育院校）等高等院校，今年注册的在校大学生有 90000 多名，可为企业提供优秀的人力资源保障；拥有航天员培养中心和 1:1 的模拟机系统，可提供飞机测试、评估等服务，德国所有宇航员的培训、考试都在科隆进行；拥有德国最大的太阳能检测中心。科隆自古以来就是世界级贸易场所，拥有很多展会资源、设施。科隆商业发达，文化生活丰富，影剧院、体育馆、音乐厅设施齐全。此外，科隆与北京已是 25 年的友好城市，明年是科隆的中国年，期间将举办科隆—中国经济论坛，举办中德家庭节等活动。

（二）科隆的招商与服务

很多中资企业在科隆设有工厂或办事机构，其中中国通用技术集团是第一家进

克隆市内的莱茵河铁路桥

驻科隆的中资企业，三一重工等 200 余家中资企业目前已落户科隆。科隆经济促进局为中资企业提供很多服务，包括在投资环境信息、劳动与居留许可、企业成立所需的协助、更换驾照、介绍合作伙伴、协助进入欧洲和德国市场、提供房地产咨询服务、语言培训等方面提供免费服务和帮助。

为促进招商，科隆经济促进局编制了"赴德国成功创办企业指南"，为企业创办提供服务。创办企业所需的材料包括商业计划书、语言证明、居住证等，其中商业计划书包括企业的商业理念、融资情况及财务计划等内容。在德国，拥有 25000 欧元即可设立公司，投资额越大公司设立办理程序越简单，自资料齐全之日起 4 周内可办理完成企业成立手续。需要注意的是，企业投资的产业要与当地的产业政策相符，否则不能获批。对进驻的企业，科隆没有传统意义上的补贴，没有优惠政策，它是通过良好的服务来吸引企业的。德国市场经济高度发达，生产资料私有化程度高，各种事项完全是靠市场来主导和引领的。中国、印度、土耳其来此投资的企业最多。

学员与教师合影留念

可持续发展的工业园区规划

时间：2011 年 11 月 23 日
主讲：北威州环保部、技术保护部职员

授课场景一角

一、北威州介绍

北威州是德国 16 个州之一。

北威州人口：1800 万，占德国总人口的 22.5%。

北威州面积：34000 平方千米，占德国的 9.5%。

北威州人口密度：530 人／平方千米，德国人口密度为 228 人／平方千米，科隆是北威州人口最多的城市。

二、如何进行可持续工业园规划

北威州是工商业发达的地区，土地资源紧张，经济发展的两项主要任务是：保持现有工商业的发展；对一些落后、淘汰的夕阳产业进行外迁或关闭淘汰，并对腾让的土地进行重新规划，合理安排新产业入驻，规划的产业必须遵循欧盟所有的法律法规的规定。

（一）土地占用规划目标

经济的发展导致大量耕地被占用，德国平均耕地占用面积为 1 平方千米／天，其中北威州为 0.15 平方千米／天。在保持经济发展的情况下，就要尽量减少对农用地的占用，并确定了农用地的占用目标：

欧盟：到 2050 年，实现耕地占用 0 的目标；

德国：到 2020 年，实现耕地占用 0.05 平方千米／天的目标。

（二）可持续工业园区的规划要点

（1）减少耕地占用数量。

（2）减少二氧化碳排放。

（3）进行交通优化，低碳出行（德国的现行轨道交通、公共交通发达，绿色出行方式如步行、自行车出行广泛深入，大街小巷一般均设有自行车专用道，有的在人行道边上规划出 1 米左右的自行车道，有的在车行道外侧划有 1.5 米左右的自行车道，自行车道不得占用，使用率颇高）。

（4）降低产业能耗；高效率使用能源。

（5）提高废水、废物的处理水平，增加循环再利用水平。

（6）推广使用新能源。

三、可持续工业园规划实施过程中的做法

北威州 6 年前就开始对工业园区进行认证，并颁发证书，发放认证标志，以此来鼓励地方政府重视可持续发展，并以此为平台，促进各州市间的交流、学习。目前，北威州有 10 个城市获得了绿色标志，对于新规划的工业园区，要严格按照生态理念进行规划、开发建设。北威州编制了绿色生产项目手册并发放给各城镇供各城镇参考，手册介绍了新工业园区规划要点，包括废物处理规划、临近乡镇在规划方面的合作（各乡镇间在产业选择、功能规划方面应避免重复）等内容。

按照节能环保的要求，要做到各种资源的充分利用，如钢厂废弃搬迁或淘汰后，利用原有的设施建设热电联产项目，利用发电余热进行供暖；原有的军事基地搬迁后，利用原设施规划建设科研机构或市民森林公园，实现二氧化碳零排放等。

但同时也面临一些问题，如有些地块地处城市中心，已不适合建设项目，如何争取资金进行该部分地块的开发成为问题；军事用地原为国有，军事基地撤销后要引入新项目就要进行土地变性，变为私有出让后再进行建设项目，这就造成土地成本过高，与同样具备项目建设条件的农用地相比缺乏价格优势，导致军事用地不好出售，造成开发困难；一些文物建筑有严格的文物保护规定，对该部分建筑的再利用（因涉及部分或全部改造）十分困难。

可持续工业园做法：

（1）新工业园区的规划中，首先是要尊重原有的产业，因该部分产业是在严格遵守各项关于环保、生态、低碳方面的规定运行的，因此在新园区规划中要优先保留。

（2）废水经化学处理后，引入到类似湿地的载有植物的环境中进行自然生态

处理，之后再运用于冲厕、浇地等。

（3）充分利用雨水。

（4）开发使用可再生能源：使用地源热能、太阳能，并可将单个区域内富余的可再生能源应用到周边、服务周边。

四、政府在可持续工业园区规划中的作用

（1）明确产业导向，确定什么类别的企业、项目可以进入工业园区。

（2）明确进入工业园区的项目应达到的标准。

（3）镇、市政府负责进行园区规划。

（4）提供项目购地和基础设施配套服务。因德国的土地多属于私有化，园区的项目用地可从拥有土地的私有者手里购买，购地价格由双方协商确定，但地方政府一般制定土地的指导价；也可以由地方政府先行将土地从私有者手中购得，再根据园区规划将土地出售给符合园区规划的项目。如一般农用地价格约为 3 欧元／平方米，根据规划调整成工商业用地后，土地价格则升为约 100 欧元／平方米。土地征用过程中也有钉子户不出让土地，或要高价，一般由供需双方协商解决，但对于规划的重要公共设施如建设高速公路，政府在协商不成的情况下，可强行没收私有者的土地，但应同样给予补偿（标准要低于正常的土地出让价格）。园区的规划配套设施由政府负责投资建设。

（5）开展绿色生态评价。在德国，说某个园区、区域是绿色、可持续、符合生态标准的情况很少，主要是针对项目、企业个体或单独建筑进行评价，看其是否

北威州生活垃圾收集车生产场景

达到绿色生态标准。

（6）学习荷兰模式，政府从园区土地规划、开发、项目选择、后期管理等全过程进行参与、控制，对于园区规划、建设的全过程都有专门的部门、公司进行统一的管理与协调。

（7）建立与周边优势资源的结合体系。可持续发展的一个很重要的方面在于与高等院校、科研机构进行合作，开展人才的培训、培养，为项目提供优质的人才保障。

（8）建立、完善政府的监督、协调服务、管理等工作机制。如莱茵地区成立了由环保部、地方政府等人员组成的能源工作小组，对当地的清洁能源利用工作及存在的问题进行协调；建立地区性统筹工作机制，根据土地利用规划，不同区域间的工业园区建设不能雷同，资源要进行总体整合，对整个北威州现有情况、发展方向等进行总体规划；设立州的评价机制，对各州、市农用地、工业用地整合利用情况等进行评价、评奖；加强人员培训，如气候管理、土地管理等方面的人才培训，并颁发证书，专职从事该项工作；建立土地成本比较机制，对利用原有土地还是新征用土地的情况进行比较分析，确定采用何种方式更利于可持续发展（地方政府、部门一般希望利用现有土地进行新项目的建设，但政治家一般希望新征用农用地进行扩张建设，增加政绩）。

（9）强化监管。环保部的职能部门对政策执行情况进行监控，指导企业按照低碳目标组织生产，并指导企业可持续健康发展；促进政府与企业进行更多地交流，了解企业的做法、想法，将企业好的做法、技术创新等在更大范围推广。

关于生态工业园设计

时间：2011 年 11 月 24 日
主讲：Hochschule Osnabrck University of Applied Sciences
　　　弗兰克博士 （曾参与过生态工业园的设计、咨询工作）

授课场景

一、Ecopark 工业园介绍（www.ecopark.de）

Ecopark 工业园是一座跨地区占地的工业园，占地面积 3 平方千米。园区用地多为征用的农民的土地，本着对曾世代生活于此的失地农民负责的态度，工业园建设的目标定位为用 30 年左右的时间高品质完成园区建设，打造一代人的工程。

Ecopark 工业园坐落于交通便捷发达的区域，园区建筑密度较低。园区在选址上，综合考虑了园区及周边区域发展相对较缓、区域人员素质不高但具有交通便利优势等因素，为促进区域经济社会发展，最终决定在该区域建立工业园。工业园建设要吸引好的企业、项目、高级人才入驻，这对工业园的发展是最重要的，园区质量是至上的。因此，Ecopark 工业园在招商上的选择是十分严格的，不好的项目是无法进驻的，建立工业园目的不是为卖地。因此，工业园的建设速度可能不会很快。

二、Ecopark 工业园设计要求

（一）建立园区管理机构并为园区企业提供一站式服务

园区管理机构可以为入园企业提供广泛且深入的服务，如对园区企业的工程建设审批过程提供支持和服务；统一设立园区幼儿园为入园企业服务，解决企业职工子女入托问题（在德国很少由园区机构设置）；与大型办公室设备生产或经销企业签订合同、与大型汽车供应商签订合同，为园区内企业、员工提供优惠服务；为企业职工家属就业提供服务等。

（二）园区地块分配原则

园区内不同位置的土地价格是有差异的，规划的中心区域地价较贵，边缘地带价格相对较低，价格范围一般控制在 15 ～ 25 欧元 / 平方米。通过价格差异管理，提高项目入驻空间选择，便于招商。同时，不同地块区域内也分行业招商，位置好的地块（价高的）重点吸引第三产业、高新技术产业、生物产业、研发中心等优质项目入驻，位置相对较差的地块主要吸引工业、仓储、物流等项目。此外，地块分配在一定程度上与项目需要的土地面积也有关，需要面积小的项目就可选择位置相对好的地块。园区内不设置居民区，员工居住问题在周边区域解决。

（三）园区设计理念

Ecopark 工业园目前约有 500 名人员工作于此。工业园在建设、管理中，始终贯彻以人为中心的理念，这也是工业园建设管理的一项非常重要的出发点和落脚点。通过大量绿地建设、为工作人员及其家人创造良好的生产环境、提供各种便利的工作及休闲服务等，吸引高科技、高水平的人才进入到园区，使人才享受工作，而不是将工作当成负担。

（四）生态工业园建设的注重要素

Ecopark 园区周边产业结构情况：

行业类别	占比
建 材 业	2.0%
机械制造业	9.1%
塑料制品业	11.4%
建 筑 业	21%
食品加工业	25.4%
其 他 行 业	31.1%

1. 注重市场营销

在商品极大丰富的今天，各种品牌的产品太多，如何做到脱颖而出呢？这就需要做广告、搞市场营销。工业园区也如此，通过广告、给予优惠政策等措施即市场营销来吸引项目进驻园区。如戴维斯给哈雷摩托车所做的广告语就是一个营销典范：卖给你的是生活质量，送给你的是一辆摩托车——哈雷。

2．准确确定工业园区定位

要对园区进行准确定位，就要回答：我是谁？——我的工业园区是什么？是什么类型的？——我的工业园区追求的价值是什么？什么对我来说是重要的？对于生态工业园，确定什么东西体现自身的重要性、是否以人为本、确定正确的价值取向（这个问题对很多人来讲都很难回答）等是十分重要的。

3．Ecopark 的四要素

A．基本的功能要齐全，人的基本的要求要能够满足，如土地价格相对较低、交通便捷、基础配套到位等，所有园区都应做到这一点。

B．充分考虑伦理上的因素，如如何与环境打交道，是否满足生态、低碳、环保要求等。这点有些园区是做不到的。

C．能否提供对人的感觉上起作用的东西，包括安全感、好的环境等。

D．文化方面的因素，包括建筑物特色、水环境、绿化环境等，要创造良好的文化氛围。

园区要满足以上要求，入驻园区的项目也要满足上述要求。园区具备上述要素，就能吸引有同感要求的优质项目进驻。

三、生态工业园的特色和营销

有了上述这些概念，如何进行宣传、影响别人呢？营销过程中还要考虑以下几个方面：

（1）Logal 设计很重要，要体现园区的建设理念，如 Ecopark 的 Logal，在颜

教学互动场景

色设计上， 绿色代表团队合作、清洁生产和树木、草坪；蓝色代表智慧。

（2）对进入园区企业的建筑物在高度、外墙材料、色彩等设计方面要有规定，园区绿化率尽量高，项目也要回答"我是谁？"——"我能提供什么？""我能做什么？"这样的问题。园区不是单纯卖地，要将理念贯穿于项目、园区营销过程中。

（3）怎样来做园区的宣传。通过网络、电视、报纸、印刷品等媒体，开展宣传月、宣传日等推介活动，通过宣传来提高园区的知晓度和认同度、信任感，让人感觉园区是高质量的。 应注意的是，无论采用何种宣传方式，对外宣传的内容要保持一致的面孔，给人以统一的认识，努力给人留下良好的印象。

（4）选择什么时候来做宣传。在制定出宣传计划并开展宣传后，要跟踪宣传的效果，并注意对多方面情况的搜集和掌握，在别人有效仿时，要不断更新宣传内容、宣传计划和宣传方式，使自己更有影响性、更突出。

工业园招商引资做法（接前节）

时间：2011 年 11 月 24 日下午
教师：弗兰克博士

课间释疑解惑

一、工业园区营销要点

（1）确定营销战略。在工业园区营销方面，要首先确定园区的目标群体即潜在客户，分析与竞争对手的比较优势，确定园区营销的合作伙伴（如银行、工商会）、营销目标等要素，要根据近、远期需求，设定长期营销战略。在营销管理上，要有专业的招商机构，确定招商活动的各个步骤，实行分工负责制，分析获取潜在客户的资源，了解掌握客户的兴趣、客户的方向、客户的联系方式等；要设立奖励机制，对招商突出的部门和个人给予奖励，调动招商人员的积极性。

（2）重视信息管理。加强对竞争对手的了解、对潜在客户情况的综合掌握等信息管理工作。

（3）强化客户关系管理。对包括现有客户信息、潜在客户信息、与合作伙伴的关系（在多大程度上与合作伙伴保持关系）等进行持续的维护或收集。

实际中，制定有完整的营销策略但实施得不好，与没有规划、没有营销策略、盲目去实施营销两种做法都不可取，处于上述两种做法中间的做法也不值得去推广，最好的办法是战略与实施都得到良好的落实。

二、营销案例

弗兰克参与的工业园营销中，首先注重的是要确定园区产业方向的定位，如通过对某个园区内外相关人员征求意见、对周边园区调查和比较分析，得出了"该园区不能搞生命科学园区的方向"的结论。其原因是因为当地大学、科研机构较少，缺乏搞生命科学的大环境和基础。其次，是要确定招商的地域范围。如根据调查、统计，某个园区周边方圆 150 平方千米内的企业比较容易搬迁到你所规划的园区，之外太远的企业是不愿搬的，因此确定了周边什么区域是适合该园区招商的范围、招商权重比例，明确了招商重点区域。三是明确招商策略。如通过与政界、园区内外企业界等不同对象、群体的交流及问卷调查情况，了解大家印象中什么是生态工业园；通过对问卷的综合分析，得出招商策略，或对原招商策略进行必要的调整等。

三、招商战略的实施

首先，是搜集潜在客户的信息，对潜在客户企业的了解以及搜集企业信息在招商中是很重要的。在 Ecopark 工业园招商中，管理机构组织对业园周边直径 25～30 千米内的 3000 家潜在企业有选择地进行了问卷调查。通过调查，了解该部分企业对新园区的要求、园区具备什么条件企业愿意去、企业对周边类似工业园区的了解程度、企业在未来 3～5 年内是否有拓展的想法等情况，同时掌握了企业关于是否了解本园区、是什么方面的了解（好的还是坏的）、对本园区的期望是什么（一般包括当地是否有高质量的劳动力，是否具备留住人才的条件等方面）等情况。根据对调查结果的分析，园区管理机构可以更有针对性地明确园区招商营销计划，确定原有营销计划的改进方面，进一步找准自身定位。

其次，是通过对各方面信息的汇总、分析，确定园区的发展目标。

四、达到招商目标的保障措施

为实现提高园区质量的目标，园区的建设从开始就应有一套系统的程序、系统的内容，以保障园区建设目标的实现。

（1）在合理的地理空间范围内进行招商（一般控制在 100～150 千米范围内）。

（2）建立和维护好与银行、企业、知名人士、市民等的关系网。

（3）对维持和保护园区形象做出承诺。

（4）帮助原有企业和新进入的企业开展人力资源培训，或举办人员交流活动等，提供尽可能多的公共资源服务。

五、园区招商步骤总结

（1）搜集信息，明确潜在客户和竞争对手的情况很重要。

（2）确定园区定位，制定招商目标（包括长期目标、年度目标），确定目标群体、年度招商计划、招商产业结构划分（每个产业占的比重）等。

（3）制定达到目标应采取的措施。包括明确内部责任划分，明确每项工作由谁、什么时间去做等工作时间安排；对各项工作开展情况进行考评和绩效评价；对存在的差距进行分析，提出改进措施等。

针对分散型用户的微型热电联供项目介绍

时间：2011 年 11 月 25 日

讲师：皮特

一、项目背景

（1）德国的新能源利用目标之一是，到 2050 年，供热供电能源的 80% 要来自新能源。

（2）北威州的一项新科研课题研究的内容是将二氧化碳收集后液化储存在地下盐矿中并加以利用以减少二氧化碳的排放，但盐矿不在北威州而在下萨克森州，下萨克森州不愿将北威州的二氧化碳液体存到其地下。

（3）发电中，受发电输送、电能储存等的技术制约，发电总量中只有约 1/3 得到了利用，约 2/3 的发电量被浪费掉了。

（4）德国电力主要通过核能发电、煤炭发电、水力发电获取，这几种方式的发电量基本满足了德国的需求（电网饱和）。受电网的储存功能尚不完善等因素影响，发电量只能随发随用，如再使用新能源发电并上网，电网就很难调节。针对于此，现在的一个课题就是新能源的发电如何应用到电网中去。热电联供就是利用分散型小型发电站向居民区、最终用户提供热、电，能源效率可以达到 80% ~ 90%，供能效率较传统方式有极大提高。

（5）另一种高效利用电能的方式是通过电网高速公路将不同国家、区域的供电系统连接起来，实现电能的跨区域联网使用，达到提高效能的目的。例如，在北非撒哈拉沙漠区域，用太阳能发电或太阳能产生蒸汽、蒸汽再进行发电，将该部分电能通过电网输至德国。利用蒸汽发电的一个好处是，蒸汽可以储存，可根据需要适时发电，增加调节空间。此外，风能、太阳能等发电不稳定，时有时无、时大时小，如何实现并网尚是个问题。

二、德国供电构成及节电解决方案

德国的电力，主要由水电（占 10%）、核电（占 10%）、褐煤发电（占近40%）、石煤发电（10% ~ 20%）、小型水电补充等构成。可以看出，德国的电力供应是现发现用、没有储存的，如何实现将用电低谷期间发电余量储存起来并在高峰时期使用是个课题。

为此，德国尝试的几个分散式供电的做法和设想包括：

（1）利用用电低峰期间的电能将小型水库的水打到高处，在高峰时进行水力发电，发电使用效率可达 80%。

（2）利用用电低峰期间的电能将空气压缩后储存，在高峰时释放压缩空气并与天然气混合加温后燃烧发电。

（3）利用蓄电池储存太阳能发电电能，在建筑临时停电时使用。

几个设想包括：

（1）利用汽车发电，即将汽车平时行驶中所发的电能储存在汽车蓄电池中，在公共电网需要时由汽车蓄电池向公共电网供能。

（2）利用汽车发电，即将汽车平时行驶中所发的电能储存在汽车蓄电池中，在公共电网需要时由汽车蓄电池向公共电网供能。

（3）开发并利用智能电网技术。智能电网技术是电脑智能与电网的融合，通过程序控制实现合理利用电能的目的。如各种家电（如洗衣机）事先输入程序命令，在用电低谷时通过电网传递指令实现设备工作，达到节能目的。

（4）开发利用智能电表技术。智能电表每隔一定时间对客户用电情况进行一次记录，用户根据记录确定自身用电高峰时期和低谷时期，争取将自身用电高峰的时段调整到用电低谷期间实施，以达到科学用电和节电目的。同时，由智能电表技术做进一步延伸，就在大范围内形成了智能电网，智能电网就是电网与电脑数据系统的结合，系统自动平衡各种因素，为不同用户提供科学用电解决方案，达到整体节能的目的。实现智能电网的一个条件是电网技术与数字技术要同步提高，并实现有机结合。

三、分散型热电联供的做法及构想

（1）小型热电联供设备的工作原理就是利用发电产生的热量实现供热（如发电功率为 5 千瓦，可产生热量 12.5 千瓦），或用发热产生的部分能量实现发电。但该项技术还处于初级阶段，可能还不是很经济。

（2）小型热电联供设备属迷你型电站，发电量很有限。这些电量能有什么用呢？首先，来分析一下一般家庭用电的高峰低谷情况。

一般家庭每天用电情况的基本规律是：24 点—（低谷用电期间）—6 点起床—（用电高峰）—上班—（用电低谷）—12 点—（用电小高峰）—上班—（用点低谷）—18 点—（用电小高峰）—21 点—（低谷用电）—24 点。

通过以上对家庭用电情况的分析，德国科学人员正在着手研究满足家庭用电的小型热电联供设备。研究的主要内容包括：通过计算，确定一个家庭需要多少太阳能板可以满足家庭用电需要；在夏天用太阳能产生热能，并利用热能进行发电，同时通过使用蓄电池技术，在低峰用电期间将能量储存起来，在高峰时放电使用，以此解决家庭的电能需求。采用该项技术方法的同时，公共电网是一直存在的，小型发电设施只是用于满足家庭一定程度的用电需要。

（3）小型家用热电联供的应用实例。小型家用热电联供机器是取暖器和发电机的集成，或者说是能发电的取暖设备。该设备现已研制成功并投入市场，售价约 2 万欧元，可满足 200～300 平方米建筑的用电和取暖需要（能否满足的一个因素是建筑物的保温情况）。设备运行的原料是天然气，年用气量约 2000 立方米，发电约 20000 千瓦·时。

　　这种小型家用热电联供设备从单独个体到面上的推广使用，可以实现大范围的节能。我们相信在 10 年后这种设备将在家庭普及，实现从大型电站到迷你型家用电站的转换，因为这是发展趋势。

关于生态中心职能及生态园选址条件

时间：2011 年 11 月 25 日
讲师：北威州生态中心负责人 豪森先生

一、OKO PARK 生态工业园基本情况

OKO PARK 生态工业园是由老旧淘汰工业园改造建设而来的，通过对原工业厂房的改造，一部分保留下来变成了现在的办公、科研等用房，一部分是将老厂房拆除后统一建设成了现在的标准厂房。标准厂房由园区管理机构建设，并对外出租招商，以降低生产者的一次性投入，租期一般 5 ～ 7 年。园区在发展理念上注重节能环保，倡导并实施绿色建筑，注重太阳能利用，绿化等自然生态景观良好。

二、建设生态工业园应考虑的因素

（1）地理位置因素：工业园在选址上，位置距离港口、机场、高速公路、城市中心、居民区等的距离应适当，并根据位置的不同和距各项资源的距离，合理建设物流、现代服务等专业工业园作为配套。

（2）交通因素：欧洲 30% 的二氧化碳是交通车辆产生的，从交通便利、减少车辆流动的角度，应合理选择生态工业园的地址，达到节能环保目的；要充分发展和利用公共交通，鼓励并创造条件采用自行车出行。

（3）水处理和雨水的收集利用：在园区建设设计上，要减少地面径流，使雨水尽可能被地面吸收，创造更多的湿地、水塘。

（4）园区内土地开发方面，在道路建设上要少硬化、多铺装，或采用土路、多建绿地等方式，让雨水能够充分渗透；绿化方面尽量使用本土树种，注意保护当地动植物等物种；设计园区停车场时，除考虑自建外，要充分与周边企业、

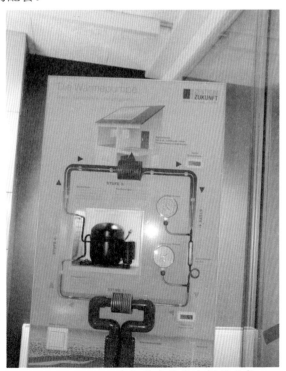

太阳能光伏发电原理示意

公共停车场结合，做到停车场的综合利用，达到节约土地资源的目的；在园区内配套诸如公共会议室等公用设施供园区内企业共用，不必每个项目各自建设配套，做到资源共享、节约投资；要事先制定园区开发建设手册，明确园区开发建设应遵循的准则并发放给相关入区项目，进入园区内的企业要按照园区要求开展建设；要合理控制园区建筑密度和建筑高度，并结合太阳能利用对建筑屋顶结构形式提出要求；要合理确定园区的绿地率（一般不低于30%），并统一进行园区绿化建设；加强园区水处理工作，工业废水须经企业处理达标后方可排入城市污水处理厂再深度处理，雨水排入河流之前，须经过沉淀、净化等处理。

三、建筑的可持续发展要求

据调查，欧洲 40% 的二氧化碳来自建筑能耗，因此注重建筑的节能减排非常重要。

北威州生态中心的一项重要工作是开展对建筑节能的研究，并从事建筑实施过程的监理、检测工作，对建筑节能效果进行综合鉴定，达标后方允许使用。具体监督检测和研究工作包括诸如对门窗的密闭性进行检测、研究建筑玻璃透光不透热技术以减少夏天制冷用能等。此外，为减少建筑能耗，德国正在进行建筑墙体应达到的标准、遮光的标准等标准规范的研究和制定工作。

第二章 实地参观

Ecopark 生态工业园

时间：2011 年 11 月 28 日

地点：不莱梅

受访者：园区总经理　乌威·哈林先生

实地参观园区内 SEVA 企业的生产场景

一、Ecopark 生态工业园基本情况

1. 项目背景及基本情况

Ecopark 生态工业园是由项目所在乡镇、县、州及联邦政府四个层面共同管理的工业园。

此前，各乡镇在发展经济方面都有自身的工业园，但一般规模都不大，难以承接大型的工业企业项目落户。因此，20 世纪 90 年代末，工业园所在的 3 个乡镇联合成立了 Ecopark 工业园。该工业园距离高速、国道较近，交通便利，国道直通荷兰，区域位置良好。园区占地 3 平方千米，土地原属于当地农民，为开发园区，北威州及所在乡镇成立了园区开发办，由开发办先以约 5～10 欧元／平方米的价格从农民手中购得土地，在异地免费为农民提供同等面积土地的同时；再以 20～30

欧元／平方米的价格出售给进入园区的企业。开发办利用土地出让收益对园区进行基础设施配套，并在 10 年间累计投资约 1200 万欧元，差额部分由园区投资主体补足。10 年间，园区已招商进驻 16 家企业，创造了 550 个就业岗位，现正在继续招商，以创造更多的就业机会。

2. 园区管理机构的社会职能

除进行项目招商外，园区管理机构还为园区内企业及员工提供各项配套服务，如专门在 1 千米外参与投资了一个幼儿园来解决外地来工作人员子女的入托问题，以吸引更多的年轻专业人士来园区就业；加强与各企业领导阶层的对话、沟通，了解企业需求并解决企业实际困难；为园区企业统一提供安保服务等。

3. 园区建设的 3 个不允许

根据园区规划，园区内不允许建设住宅、不许搞零售业、不搞娱乐业。

二、园区内"未来中心"项目情况

Ecopark 生态工业园内建有一个"未来中心"，"未来中心"是一个能源供应中心，由总部设在奥尔登堡的 EWE 建设和管理。EWE 的业务范围包括能源供应、电网技术、电信服务等领域，其在 Ecopark 内的是一个分支机构，负责向园区内企业提供热、电等能源供应和电网维护、电信服务及关于建筑的供热、供电维护、节能等培训的一揽子服务。

（1）未来中心宗旨：节能＋提高能效＋发展新能源。

（2）未来中心提供的服务：向园区项目提供能源一揽子服务，包括项目节能、

SEVA 企业负责人介绍企业情况

新能源应用、新能源发电并入智能电网等。

（3）到未来中心参加培训的人员：包括建筑设计单位、手工技术人员及学生等，培训内容以为相关专业人士提供有未来意识的专业知识为主。

三、关于 SEVA 能源公司

该公司位于 Ecopark 生态工业园内，主要生产热电联供的小型发电站，发电站热源为天然气或沼气及其他特殊气体。目前主要生产使用沼气为原料的发电站，沼气主要由粮食、牲畜粪便等发酵产生。该设备能够在发电的同时，将发电余热用于供暖，实现热电联供。该小型热电站各装置设置于定制的集装箱内，已实现工厂化生产，是一个利用沼气等气体资源的清洁能源利用设备，并已在欧美国家得到了较普遍使用。

发电站的发电功率一般在 50 ～ 600 千瓦之间，发电用气量约 400 ～ 600 立方米沼气 / 千瓦，用户可根据需要选择合理的电站型号。该公司在 Ecopark 生态工业园内的项目目前年销量在 200 台左右，售价约 800 欧元 / 千瓦。

尽管非公司专利产品，但该公司拥有独立的科研机构从事该设备一部分技术的研发，并在意大利、澳大利亚、土耳其、美国等设立了分销和售后维修机构。

汉堡生态工业园

时间：2011 年 11 月 29 日
地点：汉堡

整装待发

一、汉堡市基本情况

汉堡地区总人口 450 万人，面积 19000 平方千米，其中汉堡市人口 180 万人并属正增长（德国人口总体为负增长），面积 755 平方千米，经济发展速度较快。汉堡市已成为国际化大都市，曾被评为德国 2010 年"环保城市"。

汉堡市主要特点：

（1）人均生产总值居各州之首。

（2）多年来经济平均增速大于德国平均水平。

（3）经济界与政界关系融洽。

（4）人口正增长。

（5）产业实力雄厚。港口业、物流业、航空航天业、IT 业、传媒业、生命科学与食品业、造船业等产业实力雄厚。现有企业 158000 余家，其中航空航天业发达，著名的空客、汉莎航空就在汉堡； IT业主要从事电子游戏软件开发；拥有5700余家物流企业；港口是欧盟的第三大港。

汉堡生态工业园太阳能光伏发电应用

二、SUDERELBE 咨询公司介绍

该公司是由联邦政府、乡镇、商业银行、企业等合资建立，主要从事汉堡南部的招商开发，并提供园区开发协调、政策咨询等服务，以此帮助该区域内现有企业发展，并吸收新企业入驻。公司主要的业务方向包括跨区域经济合作，如在海港物流、航空航天、IT领域提供咨询服务；房地产中介咨询；同时，根据业界需要和地方特点，为服务地区经济发展，该公司重点发展区域工业园开发业务，并在劳动力素质提高和创新发展方面的提供咨询服务。

（1）公司内部设有专家咨询委员会，成员包括经济局局长，各重点大学内有关行业的专家、教授，科技界经济界的专家学者等，使咨询委员会能够为政府、企业提供优质的咨询服务。

（2）政界和行业协会是可持续发展的倡导者和推动者，咨委会保持与二者必要的交流和沟通，有利于促进当地可持续发展。

（3）咨询服务的内容。可为用户提供产业投资选择咨询、地皮购置和房地产开发咨询、区域招商咨询等服务。

三、对可持续工业园的理解

可持续工业园应符合：经济＋生态＋社会责任＝可持续发展的理念

　　具体来讲，可持续工业园主要应满足以下要求：尽量少占用耕地，主要利用现有土地资源建设；降低建筑能耗；有效处理污水，利用生物技术进行园区污水处理；通过重新规划、优化功能，将现有工业园改造成为可持续发展的工业园，并提升园区价值；增加对先进企业的吸引力；充分利用太阳光能等新能源；发展并使用热电联供技术进行供能；提高废弃物处理和再利用水平等。

生态工业园理念展示

德国双元制职业教育体制和工商会运作机制

时间：2011 年 12 月 1 日
地点：柏林

一、德国职业培训基本情况

（1）在德国，职业培训是进入职业生涯的第一个台阶。

（2）与德国的正规大学教育不同的是，职业教育在学生经过 10 年的学校教育后即可选择进入，较进入正规高等院校早 3 年；而后经过 2～3 年的职业教育后，学生仍可以选择再进入正规大学学习，并拿到大学毕业文凭。也就是说，在德国，高等教育与职业教育之间是可穿插进行的，即双元制。

（3）德国的职业培训历史：

1181 年——发现了第一张职业培训证书（木工证书）。

1698 年——有 200 种职业可以进行职业培训。

1768 年——上述 200 种职业已按分类设立了培训学校。

1938 年——实行职业培训的义务教育制度，即进入工厂之前需拿到职业培训学校颁发的证书。

1956年——战后对职业人员需求量大，决定由工商会来组织职业培训工作，包括考试、发证等。德国工商会是代表经济界利益的自我管理机构，其所有成员均为企业，独立于各党派；目前，德国共有80多个工商会。

1964年——采取双元制职业教育概念。

1969年——国家颁布职业教育实施法令、法规和细则。

2005年——又对法令、法规进行了补充，在2～3.5年职业培训过程中，允许利用1/3时间到国外去培训，并经鉴定后，给予承认学历，发放文凭。

（4）职业培训的职责划分。职业培训一般由相关行业协会负责，根据企业的入会情况，分行业种类组织进行培训和考试，同时各行业协会之间存在必要的协作。

目前，德国约有340种职业可以得到职业培训，工商会可以组织的培训范围包括工业、商业、第三产业（制造业、建筑业、宾馆等）等。手工业行业协会负责以手工操作为主的小型化企业员工的培训工作。自由执业者（如医生、律师等）由相应的自由职业行业协会负责培训考试。在公共机构内的任职人员、农业从业人员（农场主）等也都有相应的行业协会负责培训。

二、如何理解双元制的职业培训

（1）每一个接受双元制教育的学员，必须有一半的时间在企业进行实习，另一半时间在学校进行学习，做到二者的有机结合。在德国，并非每家企业都能招收职业培训学生，需具备相应资格证书后方可招收。

（2）企业如何招生。企业根据生产和发展需要来决定招收学生的数额，并通过广告、工商会协助等方式与应应聘学生对接，双方达成意愿后签订实训合同，之后企业开始按照国家规定的大纲要求对学生进行培训。同时，学生要根据专业情况、专业需要，找到一家学校进行学校教育。在时间安排上，学生一般每周在企业培训3～4天，其他时间到学校进行校内学习；或1个月内3周在企业，1周到学校学习。

（3）各方主体的从属关系。就合同关系而言，学生对于企业和学校来讲都是合同的一方，对于企业来讲，属司法上的合同关系；对于学校来讲，属工法上的一方。从管理隶属方面看，企业的主管部门是工商会，学校的主管部门是州市教育局。从资金来源方面看，企业给予学生一定的工资报酬，学校由州市负责教学投入出资。在教学计划制定方面、企业培训方面，德国制定有统一的培训大纲，学校教育方面有理论教学大纲，其主要内容全国统一，个别科目有所不同。

（4）实训教学大纲。实训教学大纲是由德国经济部配合教育部共同制定的，大纲内容包括全国统一的职业名称、培训的时间要求（一般为2～3.5年）、培训的职业要求、具体的教学计划及考试的内容等。

三、工商会在职业培训中的作用

（1）为企业和参加培训的学员提供咨询。工商会每年到企业出访一般在3000次左右，为企业和学员提供现场咨询和电话咨询，咨询内容包括电子信息产业发展状况咨询，提供培训大纲制定部门对企业的教学培训，使企业掌握培训大纲的变化情况，为学生提供在培训和学习中遇到的问题咨询等。

（2）为企业是否有资格开展职业培训进行鉴定。在鉴定的环节上，首先要看企业的硬件方面是否适合学生培训，是否具备所处行业必备的基本硬件条件；其次是对企业的培训老师是否具备带学生的专业知识进行测定；第三是对培训老师和企业管理者的个人素质、人品如有无犯罪记录等进行评定。对某些条件有欠缺的企业，工商会可以协助其与有条件的其他企业进行合作开展学员培训，对于每个得到培训资格的企业，工商会均会进行备案，并对企业的有关培训记录、检查记录等都记录在案。

（3）经过鉴定，工商会为合格的培训企业发放培训许可证，或对尚不具备资格的优秀企业进行培训，使其具备培训资格。

（4）对企业和学生签订培训合同情况进行备案，并组织对学员的中间考试和毕业考试。备案的合同内容应包括：

对培训职业的描述。

对培训的时间约定。一般 1 ~ 4 个月为试用期，双方可以没有任何理由解除合同关系；参加完 10 年或 13 年教育的学生，可以只参加部分职业培训；某些专业的培训，部分学生的经历可以得到承认，用以抵顶一部分培训时间；培训期间表现特别好、特别强的学生可以提前考试，合格后毕业，但实际参加培训的时间不能低于大纲要求时间的 1/2；休假的规定等。

工资规定。按照德国平均工资或行业工会与雇主协会制定的工资标准来确定；工资水平与行业、工作量、工作性质等密切相关，一般在 300 ~ 800 欧元／月之间，工资由企业支付，等等。

（5）考试方面的情况。工商会对每个参加培训学生的情况存档留存，并根据培训情况主动与企业联系，通知学生来进行考试；参加工商会考试的学生只有取得了足够的培训学校教育课时、成绩后才能取得准考证，以此表明学校教育的必要性。

考试内容、题目由考试委员会根据国家考试大纲负责拟定，考委会的每个专业由 3 人组成，包括专业老师和雇主协会、雇员协会代表，根据考试人数多少在每个专业组下面可设若干考试小组。考试内容主要根据国家大纲要求确定，但考试具体内容在不同的地区、城市是会有所不同的，考委会可以根据当地的具体情况、人才实际需要、经济发展需求等自己制定考试内容。考试结束后，考委会要将有关考试结果、成绩等到工商会备案，没问题后由工商会颁发德语和英语版综合培训证书（也可加发法语证书），同时培训学校给学生出具成绩证明，培训企业给学生出具成绩单，但工商会发放的综合培训证书最管用。

（6）其他相关信息。培训企业招收培训学生的主要动机在于获得廉价劳动力、取得企业界的认同及学生毕业后培训企业可拥有更多机会获得优质人才（学生毕业后直接留下）等。

参加双元制职业培训的学生，其学校培训属义务教育。

参加职业培训的学生约占学生总量的1/3。

德国的教育是灵活的，学生随时可以退出学校或进入学校。

四、工商会机构设置

工商会共设7个处，分别为：

1处负责：建筑业、钢铁业、机械行业；

2处负责：媒体、通讯业；

3处负责：餐饮、旅馆、食品业；

4处负责：银行、保险、保安业；

5处负责：零售、批发业业；

6处负责：办公人员类；

7处负责：培训政策研究类人员。

慕尼黑太阳能供暖示范区项目

时间：2011 年 12 月 5 日
地点：慕尼黑

太阳能供热情况介绍

一、项目基本情况

该项目是利用太阳能为一个 320 户的居住小区进行供暖、热水服务的项目。小区建筑面积 28500 平方米，安装太阳能板 2700 平方米，并建造了一储量为 6000 立方米的储能水罐。

项目的主要工作系统是：在夏天等阳光充足的时节，利用太阳能板对储罐内的水进行加热，储罐内水温可达 90℃；冬天供暖时节（9 月～次年 4 月），将储罐内的热水用于对周边 320 户居民进行供暖及热水服务，供暖出水温度 60℃，回水 30℃，采用该种方式一般能满足小区 50% 的供能需求，不足部分的供能时段由城市公共供热系统进行补充供能。在每户居民家中都设有热交换装置和热计量装置，不同来源的热源在此装置内进行交换和计量，居民根据用热量缴费，缴费标准与普通集中供能相同。

投资及构成：该项目设备总投资 500 万欧元，其中联邦政府和市政府分别给予了 200 万、150 万欧元的补贴，市供热公司自投 150 万欧元并负责该供热系统的日常管理工作。

二、项目应用情况及前景分析

作为采用太阳能进行区域供热以达到二氧化碳减排目的的示范和探索，该项目得到了居民的认可，并获得了成功，是太阳能供热的一项良好尝试。但从目前的技术状况来看，利用太阳能供暖的成本与常规集中供暖相比成本较高，其主要原因是因为太阳能的一次性投入要更大，但其运行成本是低于常规供暖的，随着技术的进一步成熟和太阳能板系统价格的降低，该供暖方式将是一个趋势。

三、运行数据情况

作为太阳能供热的直观体现，在小区的一处醒目位置有一个电子显示板，其中一栏显示当前太阳能获得的供热功率，另一栏显示截至目前该项目投用以来的二氧化碳减排量（当时为 1337.5 吨），另外一栏显示今年以来的太阳能供暖（968.2 兆瓦·时），最后一栏显示罐体水温（49.6℃）。

斯图加特工程园

时间：2011 年 12 月 8 日
地点：斯图加特

教学双方深入交流场景

斯图加特地区经济发达，拥有 250 万人口，其中斯图加特市人口约 50 万，人口素质高、购买力强、各种社会活动广泛是该市的显著特点。

斯图加特工程园位于斯图加特市区内，工程园主任、总经理哈阿特布鲁姆先生主持了整个工程园的规划、建设、招商引资及建成后的运营管理等工作，并在园区建设和管理中始终秉持创新理念。目前，该园区已完成 32000 平方米土地的开发，整个园区建设投资 5 亿欧元，已入驻 120 家企业、50000 名员工。工程园是南部德国最大的建筑投资项目，内部的企业均属高科技企业。

一、基本情况（生态园区在规划建设方面的做法）

为促进经济发展，巴府州成立了 EL—BANK 银行。该银行是工程园的股东，并以提供优惠贷款的方式由工程园管理机构进行园区土地购置、工程规划、建设开发，园区建成的房屋由园区管理机构进行出租（只租不售），通过招商引入项目并收取租金，以此获得收益以及进行园区的运行维护管理的费用。进入园区内的企业没有国家、州等的财政补贴，需要完全按照市场机制运行。

工程园要严格依据德国有关法令进行建设开发，建什么、怎么建、应考虑的各种因素等均有严格的法律法规规定，必须严格遵守。

二、经验介绍

（一）园区选址原则

（1）工程园选址的最重要条件之一是园区周边一定要有一所知名大学。因为大学可为园区提供充足的高智力劳动力保障，学生可来园区进行实习，同时园区内企业也可以用大学的实验室进行科学实验和小型生产，并利用大学的优秀人才开展研发工作。此外，大学中一部分人的设想可以通过在园区成立公司的方式得以实施，以此建立起经济界和学术界的合作，实现企业与大学的双赢。

（2）在经济比较发达的区域。区域经济发达可以满足园区招商引资的需求，便于园区尽快成长。

（3）交通便利。交通便利是园区发展的重要基础，该工程园近邻高速、城铁、地铁，距机场 10 分钟、城铁 10 分钟车程。

（二）园区建设及管理

园区管理机构负责项目开发，既是投资人也是房屋业主，负责园区招商引资、管理、房屋维修维护及出租管理等。

1. 工程园开发建设情况及做法

前期，园区及建筑设计要有前瞻性，各项功能都要给予充分考虑，并邀请多方专家教授咨询，共同研究提出解决方案；把工业园看成村庄，把服务要做得像五星级宾馆，注重细节、注重管理，比如若是村庄规划的话，要有一个广场，夏天要可以日光浴、方便员工交流，有内部的餐饮、购物中心，要考虑员工的年龄特性、实际需要等，园区内要有餐饮购物场所、牙医、幼儿园、小学、体育运动中心及办公用的各种会议室等，同时满足地下停车或地面停车需要等等。

2. 招商引资

已引进园区的项目包括软件、航空航天、电信、新能源等相关产业的企业，其中不乏尖端的高科技企业，如：达索公司是为空客公司进行全面软件开发的企业，该企业现在已将业务拓展到世界范围内为工业企业进行软件设计，其设计成果应用可为企业节能约 40%；某大学将在园区设立太阳能和氢气能研究企业，并开展产学研结合，研究内容之一是太阳能的储电蓄能装置。

3. 园区管理

园区所有开发的楼宇作为招商载体只租不卖，由园区管理机构进行统一的"五星级"管理。

园区"五星级"管理是如何做到的呢？——很简单，从细微之处做起，注重实效，考虑细节，无微不至，人性化服务。如园区内实行进门、购物、运动、消费等一卡通，人手一卡。

该园区房租比周边区域的要贵 10% ～ 15% 左右，但综合水、电、暖、交通等供给情况，在此租房的整体费用还要低于其他房租约 20% ～ 30%，这也是该工程园的核心竞争力所在。之所以有如此的竞争力，来自于园区先进的理念和做法：12 年前，德国没有人会想到可持续发展的概念，当 10 年前德国提倡生态建筑或可持续建筑时，该工程园首先做到了绿色可持续，如利用太阳能和烟囱效应，在建筑中形成负压进行室内空气置换；窗的设计，既满足采光又做到了通风、节能；对特殊项目的供电，严格落实双电源和备用电源制；在防火方面，有特殊防火装置，在起火后自动吸烟、灭火；将园区内大型计算机机房的发热量用于整个园区的供热、制冷功能，这可节省园区 15% 的能耗，每年创造约 100 万欧元的效益；新建建筑将采用地源热泵技术供暖、太阳能光伏供电，并满足整个园区的供电需求，实现零排放；楼宇设计考虑周全，可以满足租给不同客户的需要等。

十年来，园区开发管理机构以超前的理念和良好的信用赢得广泛认同，并取得了良较好的经济效益，为回报用户，专门设立了 50 万股园区基金，由园区管理公司用于园区开发、管理使用，租户可以购买并享受不低于年 6% 的利息收益（普通银行利息为 1.5% 左右）。

启 示 篇

第一章 总结报告

青岛开发区中德生态园区建设专题
研讨班学习考察总结报告

为学习借鉴德国生态园区建设管理经验，加快青岛中德生态园的建设，根据工委（区委）管委（区政府）安排，经国家外专局批准，我区赴德国中德生态园区建设专题研讨班一行 15 人于 2011 年 11 月 20 日出发，在德国进行了为期 20 天的专题培训，12 月 10 日圆满完成学习考察任务。现将有关情况总结如下：

一、组织管理

工委（区委）对此次培训高度重视，工委（区委）组织部在培训前做了精心准备，多次与国家外专局、市外办等主管部门沟通，与承接此次研讨班培训工作的德国公益教育培训机构卡尔－杜伊斯保公益中心进行了多次联系接洽，认真研究设置了针对青岛中德生态园建设工作的培训专题和园区考察安排。研讨班出发前，又专门邀请卡尔－杜伊斯保公益中心负责中国业务的专员袁佳华博士及中心驻北京办事处首席代表刘英泽先生到我区，对培训内容、行程安排及赴德应注意问题再次进行了对接。为圆满完成培训考察任务，培训班成立了临时党支部、班委和纪检保密、学习宣传、后勤保障 3 个组，组织进行了出国动员和预培训。

为保证培训质量，研讨班还建立了责任体系，实行团长领导下的分级负责制，并分别在培训前、培训中和培训结束时召开专题班会，统一思想，提高认识，明确学习目的和任务，强调外事纪律和班级纪律，要求每名学员结合自己的工作积极地与专家学者沟通交流，认真观察，深入思考。培训班迅速凝结成一个团结互助、虚心学习的团队。整个培训期间，学习考察按计划紧张有序地开展，全体学员严格要求自己，表现出很强的纪律性和求知欲望；培训班采取小组讨论、个人发言等灵活多样的方式，把深化学习、交流体会搬到旅途中、饭桌上，互帮互学，共同提高，取得了良好的效果。

二、培训考察

按照培训方案，研讨班在德国的学习分为两个阶段进行。首先在科隆市进行了为期 5 天 8 个专题的集中培训学习，然后分赴 5 个城市对生态园区和有关项目实地考察，期间还拜访了有关政府机构、社会组织，就相关问题研讨交流。

（一）集中培训

在德国卡尔－杜伊斯保公益中心培训总部，来自科隆大学、社会咨询机构、州政府部门的专家教授和官员，先后进行了新能源开发利用、经济可持续发展、绿色技术行业协会建设、科隆地方经济促进模式和状态、北威州工业园区规划方案、生态工业园建设模式、园区热电联供技术应用、建筑节能降耗等8个方面的专题培训。较为详细地介绍了德国联邦政府、地方政府、社会组织、投资者、园区开发管理机构在产业及空间规划、有关旧工业区改造、生态工业园区建设、产业园区规划以及绿色节能、经济发展，尤其是新能源及清洁能源开发利用等方面的情况。

（二）参观考察

专题培训结束后，培训班到不莱梅市的Ecopark（生态工业园）、汉堡生态工业园、德国柏林工商会、慕尼黑市太阳能供暖项目、斯图加特工程园进行了参观考察，从不同角度观察了解德国工业园区开发建设、管理架构以及能源供应、节能降耗、智能管理、未来园区发展方向等情况，对德国双元制职业教育、科技创新、产学研一体化发展有了进一步了解。期间，培训班还对德国部分城市的建设管理、社会发展、人文环境、旅游资源开发等情况进行了考察了解。

三、主要收获

本次培训，卡尔－杜伊斯保公益中心展现出国际知名培训机构良好的专业素质，整个培训严格按事先拟定的培训计划一丝不苟地执行，学习课程及考察项目安排紧密，选题与生态、能源、绿色产业、循环经济密切相关，为学员搭建了较好的学习平台。

（一）对德国经济社会发展情况有了初步了解

参加此次培训的学员大部分是第一次到德国，以前对德国的了解只是通过"耳听"，来到后眼见了现实的德国，大家感觉还是很新颖的，因此都怀着极大的热情和兴致认真学习，仔细观察。普遍感受到：德国政府部门、社会机构乃至接触的每个德国人，都有一些值得深思借鉴的东西。诸如简洁实用的城市建筑和景观体现出德国人理性的审美意识；功能完善的市政设施体现出浓厚的人本思想；大到车船，小到刀剪等生产生活产品，体现出专业求真、技术求精、产品求工的极致理念；公共认同的绿色生态意识，大众自觉的节能环保行为，停车让行的良好素质，怡然的生活心态，建立在诚信体系基础上、自律意识极强的社会运行机制，居安思危的创新意识，不经意间展示出的深厚文化积淀；做事规范、井然有序的良好口碑等。通过学习考察，学员对德国的经济社会发展情况有了更全面和更深入的了解。

（二）对德国生态园区建设留下深刻印象

德国在生态园区建设方面居于世界领先地位，其理念定位、园区体制、运作机制、法规体系、技术规范、投融资渠道等诸多方面值得我们借鉴。

（1）特色鲜明。德国园区建设目的大多是为应对城市负债、调整产业结构、促进区域经济发展、为当地创造更多的就业机会等，占地规模不大，选址交通便利，依托大中城市或现有工业基地，具备入驻条件后，鼓励、帮助、发展新兴产业，吸引企业进入。如 2010 年开建的 Ecopark 工业园在德国属于较大的、跨地区的工业园区，占地面积 3 平方千米，规划建设期为 30 年，为吸引高质量项目、企业、高级人才，促进区域发展，工业园区建于交通便捷的发达区域，建筑密度较小，生态环境良好。

（2）功能完善。园区管理机构能够提供优质高效服务，其专业水平、功能完善度、便宜度均远高于现有城区。像 Ecopark 工业园提出园区建设四要素：一是基本功能齐全，土地价格适宜，交通便捷，基础配套到位；二是满足生态、低碳、环保要求；三是提供安全、优良的环境；四是创造良好的文化氛围。园区满足以上要求，入园项目也要满足上述要求。

（3）服务优质。园区管理机构提供一站式服务，为人才及其家人创造良好的生产生活环境，提出"享受工作"的口号，设立幼儿园（在德国很少由园区管理机构设置），为园区内企业、员工提供优惠服务；为企业职工家属就业提供服务等。斯图加特工程园区提出了建设庄园式园区，提供五星级酒店式服务。

（4）管理先进。园区建设由地方政府引导、银企合作、市场化运营，管理机制灵活。机制体制决定了园区发展与投资者利益密切相关，园区管理者成为对园区开发建设和发展最关心的人。园区建设伊始，从空间布局、集约利用土地和成本控制、项目选择、建设工期和质量，到生产经营情况、节能减排等，均精心设计运作。园区建设严格依法办事，按照产业政策和绿色项目手册，全过程控制园区生态指标。

（三）对建好中德生态园充满了信心

通过学习考察，学员们认识到规划建设中德生态园具有较强的相对优势。一是体制上的优势。青岛市政府从园区土地征用、选址、执行统一规范指标、空间规划建设、产业规划调整、入园项目选择；到后期统一运营管理，可进行全过程协调和控制，这也是在交流过程中北威州环保和技术保护部官员一再推崇的，认为成效远优于他们。二是后发优势。他山之石可以攻玉，充分借鉴德国及其他国家生态园区建设的先进经验，高起点规划、高标准控制、高水平建设、高质量服务、高效率运营，充分发挥后发优势，集聚优质资源，实施高端突破，可实现弯道超越。三是战略合作优势。中德生态园是中德两国全新的合作项目，是上升为国家战略的山东半岛蓝色经济区的重点项目之一，相对于德国工业园区建设，功能区划更清晰、更完备，规划建设目标定位是一个具有示范意义的高端产业生态园区、国际化高端生态企业聚集区、高端生态技术研发区和宜居生态示范区，可形成机制灵活、人才汇集、信息畅通、资金集聚、生态宜居的良好投资氛围，具有美好的发展前景。四是基础优势。改革开放以来，青岛与德国的投资、贸易、合作逐年增多，先后与曼海姆市、莱茵－内卡大区、杜塞尔多夫大区、雷根斯堡市、基尔市结为友好城市，德国在青岛投资的项目达 232 个。青岛港和汉堡港、不莱梅港有着非常紧密的合作关系。德国是青岛在欧盟中最大的贸易伙伴，蒂森克虏伯、斯蒂尔、德固萨、汉莎、拜耳、莱茵化工和麦德龙等知名企业已经入驻岛城。中国政府的支持使德国企业可以获得许多方面的政策支持，这将为企业带来更广阔的发展空间，中国的市场和比较完善的产业配套，对青岛中德生态园的入园企业具有较强的吸引力。

（四）为加强双方合作交流奠定了良好的基础

在学习交流过程中，学员们适时推介青岛开发区，让德方了解中国、了解青岛、了解青岛开发区，科隆绿色经济中心主任乔德博士在沟通中认识到"21世纪最大的挑战在于如何合理使用能源，实现经济的可持续发展，这是国家间、区域间合作才能做到的。近年来，中国经济取得了快速发展，中德双方合作也进一步加强，特别是民间的合作日益增多，这为国家间合作创造了条件"。"在环境保护方面，中国做了很多工作，实施了很多措施，值得德国学习，特别是'十二五'规划中关于节能减排、环境保护等方面设定了很多目标"、"在新能源应用方面，中国在科研领域的投入占国内生产总值的1.5%左右，增速在15%左右，超过了任何一个西方国家，中国在太阳能领域近5年来的发展取得了显著成绩，从几年前的默默无闻，迅速发展成现在在世界具有举足轻重的地位"。在20天的学习和考察活动中，学员们严谨的学风、认真的态度，多次得到授课者和接待方的赞许，慕尼黑环保与工程局负责人在交流结束时说："你们是我接待过的在这个行业中最专业的国外团队。"

四、几点建议

（一）充分借鉴德国先进经验

充分学习和借鉴德国先进生态园区建设经验是此次培训的主要目的，短时学习只能对德国生态园建设、新能源开发利用等有一些粗浅了解，要进一步了解德国发展之真谛，需采取多形式、多渠道进一步加强与德国先进生态园区的交流，既可走出去，又可请进来；既可政府间合作，又可民间交流；充分发挥如商会、学会、咨询、校际联谊等社会团体、中介机构的作用，学习德国先进园区的成功管理体制、高效的运行机制、先进的服务理念。对于德国的先进理念、成功经验，要牢牢把握住，有的放矢，运用于中德生态园建设。

（二）高点谋划中德生态园的发展定位

中德生态园建设已被我国列为国家战略山东半岛蓝色经济区的重点项目之一，青岛市人民政府在《青岛中德生态园建设实施方案》中提出，中德生态园将力争通过10年的努力，建设成为欧亚合作的典范园区、山东半岛蓝色经济区国际合作先行区和低碳生态、可持续发展的国际一流园区。生态绿色是未来经济发展的主导方向，也是实现经济转型发展的重要动力要素。在新能源技术、生态建设、环保、人才培养等方面具有深厚积淀和经验的德国，将为中德生态园的建设与发展提供良好的经验，青岛开发区要借此契机，在园区建设方面闯出一片新天地，在山东半岛蓝色经济区建设方面实现更大作为，并为其他区域的生态发展发挥示范带动作用。

（三）科学设置中德生态园管理体制

借鉴德国先进的管理理念，科学谋划，抢抓园区纳入国家战略重点项目的机遇，充分发挥政府调控能力，采取政府主导、市场化运营的模式，创新管理机制，依托开发区已有的较为完善的产业和服务配套条件，园区内设立精简高效的服务机构，通过良好的环境、优质的服务、科学的产业机构吸引人才和项目入区。

（四）认真做好中德生态园各项规划

一是认真做好园区的生态控制规划，完善生态控制体系，细化生态指标，并将生态目标贯穿园区建设规划和产业规划的始终，贯彻到项目建设、生产和管理的全过程。二是做好生态指标控制下的产业规划，按照国家战略山东半岛蓝色经济区规划，深入实施"环湾保护、拥湾发展"战略，促进区域产业结构升级，充分考量比较优势，科学合理地选择产业结构和项目名录，实行严格的项目入区产业指导政策。注重闭合产业链结构，注重知识产权保护，发挥驻区高校和科研院所的人才和科研优势，产、学、研密切结合，相益相长，共同发展；鼓励绿色、生态、环保企业入园，创造"绿色硅谷"效应，明确产业导向和入园项目生态目标控制标准，建立产业咨询和行业风险评估机制，严格项目立项及流程设计、厂区建设、生产和管理全过程的生态指标控制，提高能源使用效率，鼓励和推广使用清洁能源和可再生能源，减少废物排放，扶持循环经济。三是高起点做好园区建设规划，集约利用土地，优先规划公共服务设施，优化园区交通，制定建筑物及设施建设的节能和生态环保标准并贯彻实施，推广新技术、新材料、新工艺，推广新能源、可再生能源利用，建设雨水收集利用、太阳能能源、热冷水三联供、多介质热泵技术、中水回用、垃圾分类等示范项目，以绿色生态项目集聚保障绿色园区的生态可持续发展。

中德生态园区建设专题研讨班

2011 年 12 月

第二章 学员论文

德国"双元制"职业教育模式的启示

刘鹏照

　　"德国制造"是有口皆碑的，一直以来人们推崇德国产品的质量保证，迷信德国技术的先进可靠，赞扬德国工人技术的精湛。而这一切主要源于德国成功的职业教育，职业教育也因此被称为德国经济发展的"秘密武器"。2011 年 11 月 20 日至 12 月 10 日，我在德国培训期间，得以近距离接触德国先进的技术及教学方法，对德国职业教育有了更深入的了解，其成功的经验值得我们学习借鉴。

一、德国"双元制"教育模式基本情况

　　德国职业教育已有 150 多年的历史，它的发展起点是几百年以来流传下来的手工业组织——"行会"。早在 1816 年德意志联邦在颁布的工商条例中规定，18 岁以下学徒必须接受进修学校教育，实行学徒考试，以提高学徒培训质量。这就要求学徒除了掌握职业技能外，还要具备一定的读、写、算的知识和能力。

　　1964 年，德国国家教育委员会首次使用了"双元制"这一概念，1969 年，联邦政府公布了《职业教育法》。使"双元制"这一培训体系形成制度化，以法律形式予以巩固。

　　德国把"双元制"职业教育看做是关系民族生存、经济发展、国家振兴的国策大计。从政府到企业，从学校到社会都极为重视，多年的实践使其不断完善，深入人心。影响亦不断扩大，形成德国在世界的品牌，不断有人前去研究学习。我国早在 20 世纪 80 年代就开始学习研究德国"双元制"职业教育的模式，并在国内进行借鉴试验。1988 年，中华人民共和国国家教育委员会与德国汉斯·赛德尔基金会签署了《关于在山东省平度市建立"双元制"农业职业培训中心的协会》，开启了中国农村职业教育借鉴德国"双元制"职业教育模式的先河。

　　德国"双元制"职业教育模式的核心是"双元制"，主要指学生在企业接受实践技能培训和在学校接受理论培训相结合的教育形式。强调"实践第一，能力为本"的教育理念，同时注重学生职业道德、职业纪律、行为规范及责任感、质量意识的培养。"双元制"模式的主要内容包含如下几个方面。

　　施教地点双元：即企业和职业学校。受训者在企业接受培训的时间约占整个培训时间的 70%，主要使受培训者更好地掌握"怎么做？"的问题。职业学校以理论教学为主，主要解决受训者在实训技能操作时"为什么这么做？"的问题，教学时间约占整个培训时间的 30%。在德国企业培训主要有 3 种形式，一是大中企业有自

己的实训工场，学徒基础培训在实训工场，专业培训年在工作岗位；二是以小企业工作岗位为主；三是企业与学校联办的实训工场。

教学教材双元：即实训教材和理论教材，理论与实践相结合，以实践为主。培训的计划由框架教学计划和培训框架教学计划两部分组成。框架教学计划由国家教育部制订，各州职业学校负责实施，学校教学内容 40% 为普通文化课，如德语、社会学、宗教、体育及其余的与职业有关的专业课。培训框架教学计划则由负责企业或跨企业培训中心负责实施。理论教学强调为技能服务，而技能训练强调职业行动能力。

教学人员双元：即企业提供实训教师，学校提供专业教师。培训企业的实训教师是企业的雇员，具备一定的资格者可担任实训教师。职业学校的理论教师，包括专业理论课教师和普通文化课教师，是国家公务员。

受训人员身份双元：即受训人员在学校是学生，在企业是学徒。接受双元制教训的学生，一般必须具备主体中学或实科中学（相当于我国的初中）毕业证书之后，自己直接申请或通过劳动局的职业介绍中心申请企业培训岗位，职业介绍中心接受后选择一家企业，按照有关法律的规定到行业协会同企业签订培训合同，得到一个培训位置，然后再到相关的职业学校登记取得理论学习资格。

考试考核双元：即包括理论考试和技能考试。考核分为中期考核和结业考核两种。考核方式分为书面考试、面试和实际操作技能考核 3 种。通过考核的学徒工可得到国家承认的岗位资格证书，成为所学行业的技术工人。

证书双元：即包括学校、企业颁发的培训证书和行业协会颁发的世界认可的资格证书。值得一提的是，"双元制"中，行业协会的作用至关重要，一定意义上说，"双元制"起源于行业协会的规定。如今，德国"工商会"及其他行业协会是"双元制"职业教育的监督调节机构，"双元制"教育企业的资格认定、教育合同的履行管理、考试考核的命题主持、资格证书的制订发放均由行业协会负责。

基础保障双元：即法律保障和资金保障。一是法律保障。德国职业教育立法有100 多年的历史。1969 年出台的《职业教育法》（2005 年进行了修订），对德国职业教育起了极大的推动和促进作用，后来又相继出台了与之相配套的法律法规，使职业教育真正形成了有法可依、依法治教、违法必究的法律体系。在操作上，严格把住"就业者必须先接受正规的职业教育"这一关，不经过正规职业培训，不准进入职业生涯。据统计，实际生活中，95% 的就业者遵守了这一法律规则。二是资金保障。职业培训经费由企业和政府共同承担，其中企业是经费的主要渠道。对提供培训岗位的企业，国家给予一次性补助 3000 欧元 / 学生，但培训一名学员，所需费用要 3 万欧元左右。"双元制"体系中的职业学校都是公立学校，从设备到教师福利待遇，都是政府投入。据了解，双元制职业教育的经费分担比例大致为：企业承担 67%，联邦政府承担 17%，联邦州政府承担 16%。

二、我国职业教育发展现状和问题

截至目前，我国独立设置的高等职业院校已有 1246 所，院校数量超过本科，占普通高校的 52%，在校生达 50% 以上，基本形成了每个城市至少有一所高等职业院校的格局。高职每年招收全日制新生超过 300 万人；中职招生也占到高中阶段招生的近 1 半，2011 年中职招生达 820 万人。中等职业学校毕业生就业率始终保持在 95% 以上，高等职业教育毕业生就业率也逐步回升。仅"十一五"期间，全国职业院校就向社会输送了 4216 万名毕业生，培训城乡劳动者 4 亿多人次，职业教育为经济社会发展做出了重要贡献。同时，职业教育发展也面临着一些困难和问题。

一是观念制约。我国长期以来存在着"劳心者治人，劳力者治于人"、"学而优则仕"等传统观念，职业教育被视为"二流教育"，表现在高考排序中，"一本、二本、三本"其后才是职业院校。观念偏差成为职业教育发展滞缓的重要因素。2011 年，山东省高职计划招生 29 万人，实际录取 24.8 万人。即使专科录取线降到 180 分，生源大省山东仍有超过 4 万人的招生计划落空，就是很好的例证。

二是校企脱节。职业教育是以就业为导向的，但我国职业教育在实践中许多还游离于企业之外，没有形成与企业的良好互动，职业教育进行的场所大部分是学校或实训室，而非工厂、企业。没有紧密围绕经济结构调整，依据市场设置专业、课程，导致了职业教育不适应社会的实际需求。职教集团从 1993 年开始起步，虽然近年来在全国范围内如雨后春笋般蓬勃发展，但是目前全国正常运行的 50 多家职教集团，基本都是松散型的，集团成员之间没有实质性的约束机制，市场化动作的紧密型职教集团非常少。

三是师资缺乏。专业课教师尤其是双师型教师数目不足、水平不高，严重影响了职业教育特色的发挥和整个教学质量的进步。以青岛市为例，目前全市共有职业学校 109 所（其中高职 10 所、中职 99 所），在校生 26 万余人（其中高职 8.2 万人、中职 17.8 万人）。根据国家相关规定，高职学校师生比为 1：14，中职学校师生比为 1：20，专业老师数、双师教师数应分别不低于专任教师数的 50%、30%。全市共需教师约 15000 名，其中专业教师需 7500 名，而目前专业教师、双师型教师缺口均达 2000 名。

四是投入不足。不同于普通教育，职业教育由于实训基地、实训设施等需要更多的资金投入，而职业学校依靠学费收入仅够维持自身运转，政府对职业教育投入严重不足，而且在对普教与职教投入比例上也不甚合理。如 2010 年，青岛市用于普教、职教的财政支出分别约为 4 亿元、3 亿元，在职普学生比例相当的情况下，普教支出比职教多出近 1/3。

三、德国"双元制"职业教育模式给我们的启示

德国"双元制"职业教育模式产生于德国，成熟于德国，对德国经济发展起到了巨大推动作用，对比我国多年发展的职业教育可得出许多有益启示。

（1）统一标准、统一大纲、统一考核，是职业教育教学质量的重要保障。一是统一标准。德国经济部公布了国家承认的培训职业有93个职业大类的350个职业。350个职业标准全国统一，覆盖全国2万多个职业岗位群，保证了职业教育培养"质量有准"。各职业都分别制定相关职业类别的培训章程，章程中详细规定了培训职业或专业名称、培训规格、期限、课程安排、应获得的技能与知识以及考核要求等。培训章程作为法律条令对企业的培训工作产生较强的约束力。在德国，像泥瓦工、自行车维修工等这些不起眼的工种都有统一培训标准和考核要求。二是统一教学大纲。德国各行业制定有不同专业统一的培训标准，即宏观层面教学大纲，学校根据宏观层面教学大纲再制定微观层面的教学大纲。我国许多行业对某些专业没有统一的教学大纲，各地区的培训标准也不统一，行业主管部门应与教育部协商制定统一的教学大纲，制定一些专业的统一最低标准，以保证人才培养的规格和质量要求。三是统一考核。德国学徒（学生）考核、成绩认定及证书发放由各行业协会负责，统一标准、统一命题、统一考核时间、统一阅卷和统一发证。而我国职业教育考核则"证出多门"、含金量低，制订统一的、符合我国实际情况的国家资格框架，非常重要、非常必要。

（2）理论与实践相结合，是提高职业教育水平的客观要求。"实践第一，能力为本"是职业教育的根本理念。有人这样描述，德国最先进的设备可能不在企业的生产线上，而在职业教育技能训练中心。我们在德累斯顿一所培训中心实验室看到的各种设备都是当前最先进的，每个学生除了接受严格的文化理论教育外，还必须接受严格的实际操作训练和实习训练，必须"真刀真枪"地解决实际问题。虽然我国也非常重视学生实际操作技能的培养，但学校制的培养模式客观上使学生远离了生产第一线，而集中安排的生产实习又不利于学生及时将所学理论同实践相结合。学习借鉴德国双元制职业教育经验，理论与实践相结合、工学相结合，突出实践，注重技能，应是我国职业教育教学改革的方向所在。

（3）打通各类教育"立交桥"，是推进职业教育改革发展的重要一环。德国的教育大体上可分为基础教育、职业教育、高等教育和进修教育四大类。德国各类教育形式之间可灵活转换是一个显著特点，已经形成了"H"型的结构网络（两竖代表职业教育和普通教育，一横表示相互沟通）。在基础教育结束后的每一个阶段，也可以在经过一定时间的文化课学习后进入高等院校学习。在德国，许多当初选择职业教育的人，后来再到大学读书取得硕士博士学位是一件很正常的事情。纵观我国职业教育，虽然也已基本形成体系，但普教与职教、全日制与非全日制、学历教育与培训教育等不同层次、不同类型之间尚未形成相互沟通、有机衔接的教育网络，各层次的职业教育基本上都是从零开始，以就业结束，几乎是一次定终身，水火不相容。我们要借鉴德国双元制职业教育体系，做到中高职统筹规划，解决中高职脱节问题；同时进一步打通职教、普教"立交桥"，形成互通式的各类教育。

（4）造就一支数量足够、素质优良、结构合理、专兼结合的"双师型"职教梯次队伍，是推动职业教育改革发展的有力支撑。进门难、要求严、待遇高是德国职业教育师资队伍建设的主要特点。德国职校教师除具有学历和资历并享受国家公务员待遇这些基本条件外，还必须经过 2 年以上的工厂实践才具备职校教师资格；若担任实训教师，则必须经过"师傅"考试并取得师傅的资格，年龄要在 24 岁以上。德国的职校教师大多一专多能，身兼数科，工作量负荷极满，理论课教师周课时要达 24 节，实训课教师要达 35 节且要能完成两门专业课的任务。而我国的教师 90%以上是从学校毕业后直接进入学校，缺乏企业一线工作的背景和经验，在技术技能教授上"照本宣科"也就成为必然。加快打造一支既有一定学历又掌握一定技能、有一线工作经验的"双师型"教师队伍，是我国职业教育改革发展的当务之急。

四、我国职业教育发展思考建议

（1）转变观念、营造氛围、提高职业教育社会地位。一是强化舆论宣传。弘扬"三百六十行，行行出状元"的社会氛围，多宣传劳模和技能型人才的先进事迹，可将职业教育界老前辈和技能型人才的典型，以及职业教育重大历史事件拍成电影、电视剧等，使职业教育以喜闻乐见的形式深入人心。二是提高职业教育质量。一方面，进一步加强职业考试的基础能力建设，尤其是加强双师型专业教师队伍建设和专业教学环境的改善，切实提高学生的技能水平和职业能力。另一方面，借鉴国外职业教育课程与教学理论，结合我国实际，提高专业教学的有效性，让学生接受高水平的、名副其实的职业教育。打造职业教育品牌。三是提升技能型人才的地位待遇。逐步提高生产服务一线的技能型人才的社会地位和经济收入，完善劳动用工和收入分配制度，引导青少年树立正确的成才观、择业观。

（2）积极推进职业教育集团化办学改革。随着职业教育改革不断发展深入，职教集团化办学已是我国职教改革大方向。一要按照"政府引导、市场运作、龙头带动、校企合作、实现共赢"的要求，坚持以人为核心、服务发展为宗旨、就业为导向，以培养第一线的高端技能型专门人才为主要任务，以合作办学、合作育人、合作就业、合作发展为主线，坚持市场化的改革和发展方向，推进工学紧密结合、职业教育和产业发展深度融合，建立有利于职业教育科学发展的体制机制和开放的职业教育体系。二要坚持从实际出发，即要因地制宜，防止贪大求全；坚持办学的个性化，即集团化办学必须适应经济体制改革对教育的要求，但绝不能简单地仿效经济体制改革的模式，应看到办学所具有的自身特点；坚持国有属性，即依托于名牌学校组建的职教集团，要保留学校国有本质，防止"名校变民校"；坚持目标一致，即集团内无论是公办学校还是民办学校、企业，都应遵循教育规律，切实以优化教育资源、提升整体水平为统一目标。三要抓好试点，紧密型职教集团毕竟是一个新生事物，应坚持先试点后推广，或者边试点边推广，保证职教集团健康、有序发展。位于青岛开发区的中德生态园是中德两国政府在节能环保领域合作的第一个生态智能园区，加强中德职业教育合作是其重要内容，在这里试点非常合适。目前，青岛中德生态园联合发展有限公司（青岛开发区区属国有公司）已出资2亿元，先行注册了青岛西海岸职业教育有限公司，为国有全资公司，下一步要探索组建双法人制（即社团法人、企业法人）的职教集团，吸收国内外知名企业、院校以资金、资本等方式入股，逐步推进投资主体多元化。

（3）全力以赴推进职业教育与产业的柔性对接。职业教育源于产业发展需要，又作用于产业递进，必须加快两者之间的柔性对接。这里的柔性对接，指的是在刚性的职业教育过程中增加一些柔性，逐步将自在型刚性教育改为适应型柔性教育，使职教人才的培养既符合教育规律又适应市场需求。一是立足区域产业特色，建立政校企合作机制。在横向实现职业院校与支柱产业联合办学；在纵向推进中高职办学的一体化，实现高技能人才的培养任务；学校要融入地方产业战略，把校企合作与转型升级重点项目结合起来。二是进一步下放职业教育的专业设置权和调整权。引导职业学校结合本校的现实条件和发展目标，根据本地经济结构调整的现实需要和未来发展趋势，对专业结构进行深层次的改造和整合，加强品牌专业、特色专业建设，加大对传统专业改造力度，实现职业教育专业结构与地方经济结构有机对接。三是科学调整专业设置，提高专业与产业的结合度。职业院校要根据地方产业的发展现状和趋势设置专业，结合岗位技能要求，对照国家职业标准，确定和调整专业教学内容，以市场需求设计全日制与非全日制等形式多样化的人才培养方案。当前，特别是针对产业结构转型升级，应科学设置服务外包、创意设计、国际会展、物联网等新兴产业相关专业。

（4）多措并举为职业教育发展提供坚实保障。一是进一步完善相关法律法规。统筹考虑职业教育法、劳动就业法、职业培训法及地方性法规和制度的修订、完善工作，特别是涉及人才培养培训、就业、劳动者与企业关系方面的内容，要真正考虑各方权益，以相对合理的价值体系与标准，对企业、教育培训机构、接受教育培训者的权利、义务进行统一规范。二是探索多元化的投入机制。建立健全以政府投入为主、行业企业及其他社会力量依法筹集职业教育经费、受教育者合理分担培养成本、学校设立教育基金接受社会捐赠等多元化筹措教育经费的机制。三是调整职业教育管理体制机制。改变教育部门将中高职教育分割管理的现状，将职业教育作为一个整体进行管理。改变教育、人力资源和社会保障部门分别管理职业教育院校和技术学校的状况，以教育部门为主、有关部门参与，对有条件、有信誉的职业学校或专业赋予颁发职业技术资格证的权力。

拓展全球视野　促进科学发展

组织部　徐全征

2011 年 11 月 20 日至 12 月 10 日，青岛开发区中德生态园培训班一行 15 人，带着明确的学习目的，赴德国进行了为期 20 天的专题培训。我有幸作为其中的一员参加了培训，并随班做了一些服务工作。在此之前虽对德国的经济、社会发展情况进行了一些了解，但参加培训和实地考察后，感触更深，收获颇多。

总体感受：此前，我曾参加过赴新加坡、美国两次培训，但与文化相比本次培训的感受最为深刻，卡尔－杜伊斯保公益中心展现出国际培训组织良好的专业素质和严谨务实的工作作风。整个培训严格按事先拟定的培训计划执行，学习课程及考察项目安排紧密，选题与生态园区规划建设、新能源开发利用、绿色产业、循环经济密切相关，培训安排非常有序。加之培训班在团长的带领下，前期准备比较充分，培训管理严格认真，培训交流积极顺畅，从学员反响看，整体效果明显，达到了预期的目的。

一、几点启示

启示之一：创新是一个国家和民族兴旺发达的不竭动力。

德国是一个经济社会高度发达的国家，达到目前的水平，固然与其发展经历有关，但深入其中，不难发现，创新是其持续发展的重要支撑。从授课专家教授身上处处感受到创新的气息，社会整体氛围鼓励创新，宽容失败，形成一整套引导创新，易于创新的体系。从陪同我们的沈女士处了解到，德国的大学教授研究课题高度自由，从学校的校长到各级行政领导，均不得干扰专家教授的研究方向，而且一旦其选择研究课题后，无论是何研究方向，必须给予必要的经费保障，学术自由，百家争鸣。很多著名发明创造来自于年轻人，有些是在非常轻松的饭桌上、闲聊中思想碰撞受启发获得的。另外，德国人工作非常专注务实，孜孜以求，很多手工业者几代人专注于一个小产业，倾尽毕生精力研究、创新、发展，精益求精。因此，产业不大，但都做到极致。小到双立人刀具，世界闻名，一把指甲刀的价格就达几十欧元，100 把指甲刀一只手可以抓起，价值却顶我们一辆微型面包车；大到各种机械制造，宝马、奔驰、奥迪、大众、欧宝等汽车品牌，世界知名。但德国人很是谨慎，居安思危，不断创新发展，30 多万平方千米的领土，7000 多万人口，创造了世界第四大经济总量，而且产业结构合理，是欧盟最快走出金融危机影响的国家。这些都促使我们反思如何去做，如何从中央到地方真正形成鼓励创新、引导创新的体制机制，只有这样，我们在实现中华民族伟大复兴的道路上才能矫健前进。

启示之二：质量是科学发展的生命。

德国人可持续发展意识浓厚，也是欧盟中做得最好的。大家都知道德国制造业享誉全球，其实这种理念绝不仅仅反映在制造业中，我们参观的所有城市和园区，无不打造精品工程，甚至有的学员说整个德国就像一个大花园。德国对建筑单体的验收方法之一是把其门窗关闭后往内部充气，在一定压力下如果建筑物漏气，就认定为不合格。德国对新建建筑物的能耗要求非常严格，部分建筑物要求零能耗，甚至通过创新方式，达到负能耗，本身不产生能耗，还要通过开发利用新能源，为其他建筑提供能源。在德国，无论是大的城市建成区，还是偏僻小镇，很难找到两座设计相同的建筑物。错落有致、美轮美奂、整洁、环保、生态的城市特色给我们留下了深刻印象。青岛拥有一个八大关，是我们的骄傲，在德国处处都是这种建筑。其实设计只是其中一个方面的问题，但绝不是唯一的制约因素，我们观察到，德国几百年的老式建筑（包括市政道路）非常多，用材非常普通，就是简单的红砖瓦、青石块，房间内部漆料涂刷，但施工质量非常之高，给人感觉只要没有外界大的非正常灾害，就不会影响使用寿命，甚至有些道路会年代越久远越牢固。反思我们的城市建设，设计使用寿命有多少超过百年的？有些建筑物片面追求高档的材质，房间内部过度装修，从设计上就不可能持久，重复建设，资源浪费，换一个角度看，我们的城市百年以后，又会留下今天的什么？昙花一现，令人痛心。可喜的是中央提出了科学发展观这一理念，但不可否认，要真正落到实处，我们还任重道远。

启示之三：尊重规律是科学发展的基础。

"想明白之后再去实施"，从授课专家教授那里我得到了这样的启示。不要因为走得太快而忘记了出发点，忘记了该走的路，千万不能急功近利，要为未来负责。我们的发展还很不够，资源很有限，虽然很着急，但发展一定要符合规律。发展不是一代人的事，要给后人留一点发展空间，如果后人发展必须像现在一样，在进行拆迁改造的基础上进行，科学发展体现何在？学员参观的科隆大教堂建了600年，为世界文化遗产，每天吸引来自世界各地的游人参观，其意义绝不仅仅是旅游收入。又有谁埋怨它的建设过程？参观的奥尔登堡工业园区，规划面积3平方千米，一期0.21平方千米，设计30年建成，以"打造生态园区和以人为本"作为自己的特点，10年引进16家企业，发展势头良好，整个园区规划非常有特色，入驻企业也全部遵循这一原则。其"未来中心"，代表世界最先进的能源发展方向，入驻企业大部分厂房顶部铺设太阳能发电供热设施，其中一家两个厂房实现供电 $1.3×10^5$ 千瓦，除保证自己的能源使用外，剩余部分可以并入国家电网供应给其他机构。解放思想，实事求是，是我党一贯倡导的思想路线，应不断强化措施，真正在各个领域抓好贯彻落实。

启示之四：良好的国民素质是保持社会创造力和安定有序的不二法则。

一个国家一个民族，无论做什么事情，最终落实者都是人，人的素质决定其实现的水平。德国在欧洲属于创造性强的国家，很多技术傲视全球，其航空航天、IT产业、生命科学均处于世界发展前端，这与其发达的教育体系密切相关。德国的国民教育分为两类：一类是职业教育方向，参加基础教育10年后进入双元制职业教育，所谓双元制，就是在职业学校接受理论教育和在企业接受实习教育并行，大部分时间要在企业进行实习教育，学生要拿到毕业证书，必须通过学校的理论考试，同时拿到企业的工作证书。德国的职业教育针对性很强，分为340个门类，每个门类都有专门的培训考试大纲。另一类是综合性大学教育，但必须读完13年的基础教育后才能申请入学。两种教育可以在过程中选择，但必须通过入学和毕业测试，而且德国两种教育没有年龄限制，设有专门的成人基础和高等教育培训班，有不少人工作很长一段时间后再选择去大学读书。我们所参观的园区，大到几百人的企业，小到几人的社会组织，都有专门的培训场所，从产品的制造设计到功能使用，均设计专门的流程培训，作为个体，也把接受培训作为生存之必需。无论是授课专家还是介绍情况的政府官员，对每一个行业均能站在世界的前沿进行审视和研究，而且特别注意研究和补充信息，给我们留下了深刻印象。所到城市无论是普通市民还是汽车司机，都非常礼让，车让行人，照相避让，和睦友善，20天没有遇见过一次争吵，陪我们的客车司机20天只鸣过一次笛。从大型购物广场到街头摊点，无论卖者还是买者，相处都非常和谐，堪称一种享受。参与给我们服务的人都非常敬业、认真，尽其所能介绍情况。改革开放30年，我们的经济取得了巨大的成就，但国民素质特别是道德素质并没有同步提高，通过学习，加深了我们对社会主义核心价值体系和十七届六中全会所作决定的理解，增强了贯彻落实的坚定性。

启示之五：发达的社会组织支撑为经济社会发展注入了强大活力。

德国社会行业高度细分，社会组织非常发达，为经济社会发展起到了极大的推动作用。在德国，只要你产生了做某一件事情的想法，每一个环节都有专业机构帮你来实现，其实你只是一个发起者，或者说只是一个产权拥有者。这些社会组织有各种行业自律组织负责规范，推动其自身发展，而且监督惩戒措施非常严格。比如：建筑设计师、建造师如果在房屋建设中出现了失误，造成严重后果的，不仅终生不能再从事该行业，而且还要面临牢狱之灾。德国的各种咨询机构专业水平很高，虽然人员不多，但很大比例从事跨国业务，这种咨询机构的设立有各种原因，有政府推动的，政府引导的，也有自然人自愿组织的，给我们授课的专家教授大部分是咨询公司的成员。而与其相对应的，是德国政府机构的精简，是名副其实的有限政府，政府的原则就是花钱买事，而不是养人做事。我们参观过的奥尔登堡工业园管委会只有两人，而且还是聘用社会组织的人员。拜访汉堡经济发展部时，接待我们的只是咨询机构的成员，而没有政府官员，但丝毫没有影响我们的学习效果。我国社会组织尚处在一个发展阶段，政府做了很多应由社会组织和自律组织承担的事情，需要进一步加大社会组织的培育规范力度，使政府从繁重的事务中剥离出来，真正向有限政府过渡，与国际惯例接轨。

二、几点建议

建议之一：中德生态园区要有鲜明的发展定位。

发展定位是一个园区的生命线，一定要凸显比较优势。我们参观过的每一个工业园区无不特色鲜明，产业结构合理，不过度追求速度，而是追求质量、生态和可持续性。中德生态园也要秉承这种理念，不要做成一个数量型园区，更不可将其仅仅作为又一块招商引资的空间，单纯追求各种经济指标。我区也担负着各类考核指标，对此不妨让五大板块的其他板块多承担一些。而中德生态园一定要做成一个在北方甚至在全国具有鲜明特色、示范带动作用强的园区，比如产业结构合理、产业层级高端、入园企业准入标准高，最好能引进德国一些有代表性的高科技企业。这个过程可能难一些，慢一点，但坚持这种理念，肯定有利于长远发展、可持续发展。要将其建成一个精品，哪怕是需要时间长一些，甚至受点非议，长远来看，也是值得的。另外，目前德国工商界对中德生态园了解还不是很多，只要坚持做针对性的工作，一旦双方进入良性互动，将会产生良好的持续效应。德国有各种发达的咨询服务机构，可与其建立长远合作，以使中德生态园在发展理念上始终处于世界领先地位。从考察中了解到，相比国内的市场，欧洲的市场在某些领域小得多，学员参观的一家生产垃圾清运车辆的企业，一年的生产量还不如去年青岛市环卫部门采购一单的车辆多，中国的市场对其投资具有很强的吸引力。

建议之二：中德生态园要重视人才的引进和教育培训。

中德生态园作为两国政府间重点推动的项目之一，其国际化程度高，适应园区开发建设的特点，因此，一定要有国际视野，站在世界前沿开发建设园区。在我区国际化人才尚短缺的情况下，要重视人才引进，特别是中德生态园发展有限公司的高级管理和技术人员，一定要熟悉国际惯例，尤其对德国的经济社会发展情况要非常了解，对其文化理念、办事特点、投资趋势等要有很好的把握，而且语言交流要没有障碍，最好引进在德国居留时间比较长的华人，这样更方便推进双方交流合作。通过沟通，使一些德国的熟悉园区规划建设的人员能够到中国工作，为此需要支付德国当地工资的130%左右，大约每年10万欧元；也可以聘请退休不久的高层次专业人员，他们的薪水要低得多，该部分人工作热情和到中国的愿望也比较强；还可以与德国专业咨询公司合作，他们定期派人到我区开展专门的咨询服务，每人每天大约需支付1000欧元。我们自己从头开始培养专门人才周期太长，难以适应中德生态园建设发展尤其前期工作的需要。当然，也不可能全部依靠引进人才来解决问题，要建立一种培训长效机制，尤其是具体从事中德生态园规划建设的人员，一定要定期到德国进行培训考察，前期最好是轮换式培训考察，增强其按国际惯例办事的能力。培训的过程也是一个相互了解的过程，只有相互了解，才能实现有效沟通，交流合作才能事半功倍。

建议之三：中德生态园要重视使用先进技术，提升开发建设质量。

一流的规划一定要有先进的技术和高水平的建设质量做保证，否则，一切等于零。中德生态园使用新技术的空间非常大，在我国很多尚属于试点阶段的技术，在德国已经使用很多年，非常成熟了，比如地热技术，在德国的小城镇已经普遍使用，又如太阳能技术、风车发电、生物质能发电，在我们路过之处，随处可见。有些比较成熟的技术其实我们拿过来使用就行，特别是在新能源使用方面、循环经济方面，只有设计和使用了国家支持的技术和产业，才能争取国家更多的扶持。再有就是我们的开发建设质量，一定要提升。

建议之四：中德生态园的招商引资要突出针对性和实效性。

目前国内的招商太过粗放，一些项目支付了较多的招商经费，实际效果却不尽如人意，甚至由于地区之间的恶性竞争，对外宣传推介口径不一，造成部分外商一头雾水，不知该相信谁。德国本地也很重视招商，也有一些促进招商的办法，但这些办法更多地体现在优化园区投资环境、提高服务水平、突出园区产业特点和个性化服务等方面，我区尚不具备德国和中国上海、北京、天津等地的投资吸引力，需要制订有针对性的产业扶持政策，特别是争取国家的扶持政策，比如生态环保方面的补贴政策、循环经济方面的政策等。目前德国的企业对青岛、对青岛开发区了解还比较少，应充分利用好中德生态园这个招牌（争取通过国家的审批认可），除强化政府招商外，还要启用青岛开发区工商会的牌子（德国的工商会与企业联系非常紧密，除国家工商总会外，全国还有 82 个地区性工商会），成立专门的组织，加强与德国工商会等组织的联系与交流合作，遴选有投资可能性的企业，增强招商引资的实效性。

建议之五：中德生态园要发挥好各级领导组织的作用。

中德生态园在开发建设过程中尤其在开发建设初期，有大量的事务需要协调。为推动其开发建设，国家商务部、省商务厅、青岛市和开发区先后成立了领导组织，但大量的具体工作都需要我区提出和落实，我们要积极争取各级领导组织的支持，很多工作离开国家的支持，推动的难度就会很大，比如开发建设管理机构的审批和组建、出国培训班次的审批等。中德生态园组织机构不要搞得过于庞大，职责分工要清晰，要把各项工作做扎实，把服务做好，承诺的事情一定要兑现。

发挥科技支撑引导作用 加速打造现代国际生态园区

科技局 吴志成

当前，正值我区抢抓"桥隧时代"发展机遇、全面推进五大板块和三大行动计划的关键时期。工委（区委）、管委（区政府）组织这次中德生态园建设专题学习培训，充分体现了工委、管委抢抓发展新机遇，推进五大板块和三大行动计划，加快"转方式，调结构"步伐的决心和信心。这次学习培训虽然只有20天，时间短、行程紧，但培训的目的性明确、针对性强，到科隆、不莱梅、柏林、斯图加特等地考察学习更是感触颇深，受益匪浅。德国人严谨的作风和意识，温文尔雅的良好行为举止，古朴典雅的建筑风格，窗明几净的城市环境，都给我们留下了深刻的印象，特别是德国在新能源的供给方式、高新产业的发展和建筑业态等方面，在世界上具有高端性和领先性，而这一切都是以新技术的开发应用为先导和支撑的，无不体现了科技元素在推动创新发展中的重要作用，对我区中德生态园建设具有很好的借鉴意义。通过这次专题学习培训，进一步提升了我们对中德生态园建设的认识，增强了加快中德生态园建设的紧迫感和使命感，明确了发挥科技支撑引导作用，加速打造现代国际生态园区的工作思路。

一、通过学习培训，进一步明确了中德生态园建设的重大意义

此次德国一行，我们参观了北威州绿色技术中心、不莱梅生态工业园、斯图加特工程园等园区，学习了园区建设的成功经验和先进做法，深深体会到在当前能源、资源、环境压力空前的情况下，关键是用创新的意识和可持续发展的理念来建设和管理工业园区。中德生态园是中、德两国政府确定的可持续发展示范项目，是中德两国合作建设的第一个生态智能园区，目标是建设成为具有国际化示范意义的高端生态示范区、技术创新先导区、高端产业集聚区、和谐宜居新城区。深刻理解和把握中德生态园的本质内涵，是全面推进中德生态园建设的前提和基础。加快推进中德生态园建设，大力引进和发展节能环保、绿色能源、电动汽车、环保建材、机器人、海洋装备等高端制造业以及科技研发、工业设计、电子信息、教育培训、金融服务等现代服务业，对提升区域自主创新能力和产业核心竞争力，加快转变经济发展方式，探索城市科学发展、可持续发展新路，是非常重要和紧迫的。

第一，加快中德生态园建设，是贯彻落实科学发展观的重大举措。发展是永恒的主题。当今世界，环境和资源问题日益严峻，这就要求我们，必须以促进生态与经济协调发展为主线，以体制创新和科技进步为动力，转变发展方式，创新发展途

径，加快构建以低碳经济、生态产业、低碳生活方式为支撑的经济社会发展模式。加快中德生态园建设，就是以打造高端制造业为核心，以生态商住、商务金融等现代生活服务业为支撑，通过整合和集聚优势科技创新资源，大力发展战略性新兴产业和现代服务业，实现经济发展从粗放增长向集约增长转变，从"要素驱动"向"创新驱动"转变。加快建设中德生态园，着重发展科技含量高、产品附加值高、市场前景好、对环境没有污染的高端制造业和现代服务业，走可持续发展的道路，完全体现了科学发展观的要求。

第二，加快中德生态园建设，是引领我区长远发展的重大战略。在德国学习考察中，印象最深刻的是以先进环保技术著称的北威州，作为欧洲最重要的能源产地，它不仅是煤炭之州，也是新能源技术的研发中心，致力于环保能源技术的研发。近年来，北威州在太阳能、风能、地热能等可再生能源技术的研发、测试和投产方面均处于国际领先地位。德国风力发电位居世界第一，其中有 30% 以上在北威州。在德国，不管是生态园，还是工程园或者清洁中心的建设，都充分体现了绿色、环保、节能减排和新能源利用等突出特点，体现了可持续发展的理念。让我们再一次清醒地认识到，在经济社会发展的过程中，依赖高投入、高消耗的粗放式经济发展方式已难以为继，发展生态经济、建设生态文明，已成为今后一个时期全球经济发展的主旋律。我区能否抢抓机遇、主动对接、跨越发展，将直接影响在未来发展大局中的地位。加快中德生态园建设，就是为了遵循产业经济生态化、生态经济产业化的理念，找准未来发展的着力点和突破口，加快推进经济发展方式转变，构建科技含量高、经济效益好、资源消耗低的新型产业体系。中德生态园将打造彰显中、德两国合作的高端生态示范区和高端产业集聚区，对推动我区"转方式，调结构"步伐和可持续长远发展，具有重要意义。这一重大战略，顺应了时代发展潮流，契合了区域发展实际，引领了未来发展方向，是关系我区长远发展的重大战略决策。

二、通过对比分析，激发了加快中德生态园建设的几点启示

中德生态园落户我区，这既对我区产业发展提出了新要求，也对城市发展提出了新要求；既对经济建设提出了新要求，也对生态建设、环境保护和文明建设提出了新要求。通过赴德国的专题培训，我们参观考察了北威州绿色技术中心、不莱梅生态工业园、斯图加特工程园等先进园区，详细了解了当地产业、园区发展历程和主要特点，从各园区建设取得的经验和成功做法中，得到了启示：建设中德生态园，核心是加快发展，关键是科技创新，重点是项目建设，最终才能实现科学发展。

第一，加快发展是核心。科学发展观第一要义是发展。德国政府大力扶持使用新能源，实行可持续、环保的能源政策，采用和鼓励利用可再生能源，体现了可持续发展的理念。德国实施的绿色、环保、节能减排和新能源利用等发展举措，根本还是通过工业界的技术革新、创新，通过科技创新的支撑和引领，进一步提高能效、能源供应现代化，资源保护性地使用能源。这是在当前资源、能源日趋缺乏的情况

下，推动德国经济发展，保持其世界领先的关键，也体现了科学发展观的思想，充分说明我们坚持科学发展理念，建设国际性生态园区的思路是正确的。

开发区建立以来，特别是进入新世纪以来，有了巨大的发展变化，在国家级开发区排名中已连续8年保持全国前5强。但是与天津、苏州等全国先进开发区相比，我们还有不小的差距，这是我区当前和今后一段时期内要面对的主要问题。特别是从2011年开始，商务部采用新的评价体系（即综合发展水平评价体系，原体系为投资环境综合评价体系）开展国家级开发区综合评价工作，由八大类170项指标精简为经济发展、科技创新、生态环境、社会发展和体制创新五大类93项指标，参评开发区由90家扩大至128家。根据前期区有关部门分析，按照新的评价体系模拟测算，我区"保五"压力较大。从这一基本区情出发，我们任何时候、任何情况下，都要始终坚持以经济建设为中心，坚定不移地加快发展。建设中德生态园，不单是指几个产业的发展，也不单是指规划的10平方千米范围，而是要把中德生态园建设，作为引领全区发展的龙头工程，全面推进我区的经济社会加快发展、进位赶超。这是我们的目标指向，在任何时候、任何情况下都必须毫不动摇地加以坚持。加快发展、进位赶超，既是发展速度上要进位赶超，也是经济总量上要进位赶超，更是发展质量上要进位赶超。

第二，科技创新是关键。科学技术是第一生产力，自主创新是核心竞争力。人类文明进步的每一次划时代变革，都以科学技术的创新和飞跃为基础、为动力。从蒸汽机的发明，到电的发现及广泛应用，再到微电子技术的发现、应用和电子计算机的诞生，都深刻地改变并正在重塑全世界的生产、生活方式以及思维和行为方式。对一个国家而言，科技兴，则国家兴；科技衰，则国家衰。对一个地区、一个企业而言，没有科技进步和创新，就难以形成强大的核心竞争力，难以实现经济社会又好又快的发展。当今时代，科技进步和创新已成为国家和地区竞争力的核心要素，成为综合国力的竞争焦点。

通过考察学习，我深刻体会到，德国实施绿色环保、节能减排和新能源利用等发展举措，能在相当长的时间里位居世界发展前列，但以新技术的研发应用为先导和支撑，如果没有科技创新的支撑，是无法实现的。其次，在新的能源、资源短缺压力不断增大的情况下，德国未雨绸缪，为抢占发展和竞争的制高点，以超前的眼光，不惜花费高昂的投入代价来发展新技术，开发新能源，从而使德国一直占据先进制造业技术的高端，长期处于世界科技发展的领先地位。再次，德国对新技术的开发应用持之以恒，令人佩服。从参观考察的几个生态园区看，园区发展均得益于科技创新，企业普遍创新意识强，重视科技投入，都建有研发中心，大胆进行新技术的试验推广应用，正是这种对新技术坚持不懈、精益求精的精神和浓厚的创新氛围，推动了新技术成果的大量涌现，使德国从第二次世界大战的废墟中崛起，实现了经济腾飞，成为西欧经济发展水平最高、社会最稳定的国家之一。由此可见，谁在科技创新方面占据优势，谁就占领、掌握了发展的制高点和主动权。没有科技的领先，就没有产业的领先，也就没有企业的长盛不衰。据统计，中国企业平均寿命为 7 年，民营企业为 3 年，这其中一个主要原因，就是企业创新能力不足，造成企业生命周期很短。因此，发达国家把技术创新和科技进步作为共同选择，希望通过科技创新能够在调整产业结构、促进经济复苏方面作出更大贡献。我们要顺应时代发展潮流，加大科技创新力度。这一点，既是最关键的，也是我们最需要长期坚持的。因此，要把中德生态园打造成具有示范引领作用的国际化生态智能园区，没有科技作引领、作支撑，是难以实现的。

第三，项目建设是重点。抓发展要以经济建设为中心，经济建设要以项目为核心。加快建设中德生态园，项目是载体、是抓手，这是事关中德生态园乃至全区当前和长远发展的根本所在。没有投入就没有产出，今天的投入就是明天的发展。我区要缩小与全国发达地区的差距，建设全国一流开发区靠什么？靠项目。投入项目多，将来差距就会缩小，甚至超过他们。目前，中德生态园园区建设和项目引进已经全面启动，如何实现园区的快速发展，重点项目的建设极其重要。特别是山东半岛蓝色经济区上升为国家战略，中央和地方将会出台一揽子扶持政策。如何使中德生态园能够获得更多的政策和资金支持，项目是关键。没有一批实实在在的项目作支撑，争取国家政策和资金就是一句空话；没有一批实实在在的项目作支撑，园区经济增长就无法保证，发展后劲就无法增强；没有一批实实在在的项目作支撑，新兴产业就难以做强做大，产业结构就难以优化升级。因此，在加快建设中德生态园过程中，我们必须始终坚持把抓项目、扩投资摆在发展的核心位置，坚持一手抓项目引进，一手抓项目推进，以项目建设的快速推进带动中德生态园的快速发展。

三、通过认真思考，提出了科技创新推动中德生态园建设的思路

通过在德国学习培训期间的所见、所闻、所思、所悟，我更清楚地认识到，发达国家正是依靠持续推动科技创新发展，实现科技与经济紧密结合，才取得国际分工体系中长达百年的竞争优势。从我国发展现状分析，推进科技创新是我国当前经济发展方式转变的内在需要，也是先进地区实现产业结构升级的有效方式。因此，为加快推进中德生态园建设，积极发挥在产业结构优化升级、提升自主创新能力和建设全国一流开发区中的推动作用，必须大力实施科技创新，以此作为中德生态园建设的核心和关键，尽快制定完善政策，采取有力措施，坚持高标准实施、大手笔建设，举全区之力加快推进中德生态园建设。按照中德生态园规划，结合区域实际和未来科技发展趋势，应突出抓好以下几点：

第一，大力实施关键技术攻关，推动中德生态园建设。德国之行的最深感触，就是新技术的研发应用在推动企业、产业乃至国家发展中的关键作用。这也有力地诠释了德国科学技术水平之所以一直保持世界领先，与其企业持续开展新技术研发应用是分不开的。因此，把中德生态园建成具有国际示范意义的技术创新先导区，

如何保持技术的尖端性和先进性是最根本的。围绕这一发展目标，必须着眼于传统产业的升级和战略性新兴产业培育，发挥企业、高校、科研院所以及各类创新服务平台的资源优势，积极在节能环保、绿色能源、电动汽车、环保建材、机器人、海洋装备等领域开展关键技术研发攻关，激发产业发展的内在潜力，提高核心竞争力，从根本上提升产业的运行质量，这是加快中德生态园建设的关键所在。

第二，着力建设技术创新平台，推动中德生态园建设。纵观世界100多年来的历史，对经济发展起决定作用的技术革新几乎全部源自国际知名研发中心或实验室，技术创新平台成为发达国家获取产业关键技术的主要源泉。在德国的所见所闻同样如此，企业普遍建有研发机构或重点实验室等创新平台，这些平台也成为企业技术创新的源头。因此，推进中德生态园建设，要重点吸引世界500强企业、国内重点企业和中科院海洋所等国内外知名科研机构在生态智慧城建设研发机构，并积极建设公共技术研发平台、科技创新服务平台和各类产业技术创新战略联盟等新型创新组织，推动区域自主知识产权大力涌现和核心竞争力不断增强，为企业发展提供充足的后劲，助推中德生态园的快速发展。

第三，不断加强创新人才队伍建设，推动中德生态园建设。创新人才是创新活力的根本，中德生态园的建设离不开创新人才的支撑。要进一步完善创新人才引进和培养机制，按照"引进人才为主、领军人物优先、创新团队为重"的原则，通过中德生态园重大研发项目的实施，不断集聚领军人才和创新团队。以节能环保、绿色能源、电动汽车等高端制造业和现代服务业发展为导向，以掌握国内外前沿核心技术、拥有自主知识产权的领军人才为标准，大力引进一批高端创新型科技领军人才及其团队；以创建具有区域特色的创新创业型人才为目标，大力培养造就一批优秀骨干人才及其创新团队；以激励优秀创新人才为经济社会发展创先争优为目标，在杰出人才评选和奖励政策等方面向中德生态园倾斜。通过创新人才的引进和培育，为推动中德生态园建设和自主创新能力提升提供必要的智力支撑。

第四，加快发展新兴产业，推动中德生态园建设。2010年10月，国家出台了《国务院关于加快培育和发展战略性新兴产业的决定》，确定了现阶段我国重点发展节能环保、新一代信息技术、生物、高端装备制造、新能源、新材料和新能源汽车7个战略性新兴产业。中德生态园建设规划中，大力引进和发展节能环保、绿色能源、电动汽车、环保建材、机器人、海洋装备等高端制造业以及科技研发、工业设计、电子信息、教育培训、金融服务等现代服务业，与国家加快培育和发展战略性新兴产业的政策一脉相承。我们必须牢牢抓住这些特色新兴产业，强化扶持政策，特别是中德合作的重大项目，争取以"直通车"的方式，优先列入市、省和国家的战略性新兴产业培育发展计划，享受资金等多方面支持，从而为提高中德生态园建设速度和质量夯实基础，实现建设高端产业集聚区的目标。

第五，逐步建立全新的保障机制，推动中德生态园建设。在运行机制上，充分发挥政府在政策制定、组织协调、公共服务等方面的职能作用，坚持以企业为主体，产、学、研相结合，逐步完善促进中德生态园产业发展的市场机制，以市场应用和市场需求为出发点，进行中德生态园重点产业领域、关键技术以及重大项目的选择。要加大招商力度，坚持租售结合、优选项目，坚持边建设、边招商、边孵化、边经营，形成快速稳步发展的良性机制。在投入机制上，发挥财政资金的杠杆作用和引导作用，探讨设立专项资金，用于基础设施、公共服务平台和重大科技项目的扶持等；在政府主导的基础上，鼓励多元化资本投入、企业定向开发等市场化运作方式，千方百计加快中德生态园建设。

总之，在中德生态园建设中，从初始阶段就要坚持高起点、高标准，将前卫的科技创新元素纳入整体建设之中，充分发挥科技的支撑引领作用，凸显生态智能园区的特色，以此提升自主创新能力和产业核心竞争力，为促进开发区经济"二次转型"和发展"二次腾飞"、加快建设全国一流开发区注入新的强大动力和活力。

借鉴德国先进经验 加快凤凰岛国际旅游岛建设

黄岛区旅游局 宋军

"节约能源资源、保护生态环境"不仅引领着世界城市建设和开发的方向，也是我区可持续发展正在积极解决的一道难题。近期，按照工委（区委）、管委（区政府）统一安排，我参加了"中德生态园区建设专题研讨班"，并在德国科隆卡尔—杜伊斯堡公益中心进行了为期20天的培训考察，通过听取专题讲座、实地考察观摩、讨论交流等形式，对新能源发展、节能减排、生态园区建设等理念和技术有了深刻理解，从中体会到德国在节能方面堪称世界典范，不论是制度安排、法律法规建设、经济激励与制约措施，还是先进的技术手段和公众广泛参与度等各个方面都有值得我们学习和借鉴的经验。由此我深刻感受到我区正在实施的"绿岛"、"蓝岛"、"智岛"三大计划的必要性，对加快建设一个"岛更绿、天更蓝、水更蓝"的国际旅游岛有了全新认识。

一、培训考察基本情况

在德国期间，卡尔—杜伊斯堡公益中心对这次培训高度重视，并作了周密安排。我们先后赴北威州科隆、不莱梅、汉堡、柏林、慕尼黑等城市，就新能源应用、生态园区建设和运作、职业培训体系等进行了专题学习考察，通过学习较为深入地了解了德国在实施节能减排、保护自然环境方面所做的工作，对生态园区建设的理念和运作模式以及职业培训工作的开展有了较为全面的认识。

二、主要经验做法

关于新能源使用和节能减排。德国政府扶持使用新能源，实行可持续、环保的能源政策。采用和鼓励利用新能源，联邦经济部和联邦环保部共同分管该项工作，从事立法、政策扶持等工作，目的是提高能效、能源供应现代化、资源保护性地使用能源。设定了新能源的工作目标：2020年前供热供电新能源使用率达到30%，2050年达到80%。

一是坚持政府推动和市场引导相结合的原则。不仅有税收补贴还有资金支持，联邦、州、地方政府等层面都有相应的扶持政策，特别是在州层面上设立了消费者咨询公司、能源顾问等，能够为消费者提供一对一的能源使用咨询服务，推动新能源的使用。

二是加强新能源领域的研发力度。如北威州绿色技术 CleanTechaNrw 中心，进入绿色中心的项目，州政府将给予与投入相等的资金支持，即企业投入4000万欧元政府另给 4000 万欧元的支持。整个州有 80 家工业企业参与到绿色技术协会，另有 25 家大小不同的科研机构、中小企业参与到该领域中。成功的研发及示范不但有助于降低生产成本，增强可再生能源的市场竞争力，发现新的廉价能源形式，而且将创造价值不菲的市场并促进产业升级。

三是通过宣传示范提高全民节能意识。德国政府非常重视通过各种宣传手段来提高民众的节能意识，同时政府还参与到具体新能源项目建设中，通过资金政策扶持，建设新能源示范项目，为民众直观展示新能源使用效益。如在慕尼黑考察期间，慕尼黑环保局局长带领我们现场参观了一处利用太阳能进行供暖和热水的项目。该项目利用太阳能为一个 320 户的居住小区进行供暖、供热水服务，项目设备总投资 500 万欧元，其中联邦政府和市政府分别给予了 200 万、100 万欧元的补贴，市供热公司（市政府下设）自投 150 万欧元。作为太阳能供热的直观体现，在小区的一处醒目位置有一个显示板，一栏显示当前太阳能获得的供热功率，一栏显示截至目前该项目的二氧化碳减排量，一栏显示今年以来的太阳能供暖千瓦时，使新能源效益一目了然地呈现给广大民众，得到了居民的认可，并获得了成功。

关于生态园区建设和运作。在德国，生态园区从规划、建设到运营都有较为成熟的模式，拥有生态园区建设研究、咨询机构，为生态园区建设提供全方位的专业化服务，这些都值得我们学习和借鉴。

一是在生态园区规划中始终坚持可持续发展。在访问 SUDERELBE 咨询公司期间，其阐述了对可持续生态园区的理解：尽量少占耕地，利用现有土地资源；降低建筑能耗；有效处理污水；通过重新规划，优化功能，提升园区价值，增加对先进企业的吸引力，即"经济 + 生态 + 社会责任 = 可持续发展"的理念。

二是在生态园区建设管理中始终坚持以人为本。在工业园建设管理中的一个重要出发点，就是以人为中心，吸引高科技、高水平的人进入到园区，为人才及其家人创造良好的生产环境，使人才体验愉快的工作经历。如 Ecopark 生态工业园，为解决外地来工作员工孩子的入托问题，在 1 千米外参与投资了一个幼儿园，以吸引更多的年轻专业人士来园区就业；斯图加特生态园区在规划中，充分考虑到员工的年龄特性、实际需要，在园区内部设立了餐饮、购物中心、体育运动中心、幼儿园、小学等等，以满足园内人员的需求。

三是在生态园区招商中定位明确、目标合理。在德国，生态园区的建设从头开始就有一套系统的程序、系统的内容，目标就是提高园区的质量，在招商过程中定位明确，项目宁缺毋滥。在园区招商通常采用以下步骤，首先搜集信息，充分掌握潜在客户、竞争对手的相关资料；在此基础上，确定园区定位，制定招商长期目标、年度目标，确定目标群体、招商产业结构划分等；第三步就是制订达到目标应采取的措施，明确内部责任划分、工作时间安排，对各项工作的考评、绩效评价，对存在的差距进行分析，提出改进措施。由此也可以看出德国人的严谨、细致和做事程序化，这也是我们在招商工作中需要加强的。

关于职业培训。在访问德国工商会期间，我们对德国职业培训体系进行了深入了解，目前在德国有 340 种职业都可以得到职业培训，已形成了一套工学联合的双元制职业教育体制，很好地满足了企业对技术工人的需求。参加双元制职业教育的学员，必须有一半的时间在企业进行实习，另一半时间在学校进行学习。全国统一职业名称，培训时间为 2 ～ 3.5 年，教学大纲是德国的经济部配合教育部制定的，企业和学生签订培训合同后进行合同备案。同时，培训期间表现特别好特别强的学生可以提前考试，合格后毕业，但实际参加培训的时间不能低于大纲要求时间的 1/2；参加工商会考试的学生只有取得了足够的培训学校教育课时、成绩后才能取得准考证，以此表明学校教育的必要性。

三、对国际旅游岛建设的几点启示

通过此次赴德国学习考察的所见、所学、所感，对如何高水平开展好凤凰岛国际旅游岛生态建设，实现旅游下海，打造生态绿岛、生态蓝岛，提供了一些新的启示。

启示一：高水平做好整体规划，准确定位发展方向。

旅游岛的开发，首要任务是规划，拥有完善周密的规划，确立正确旅游岛产业发展方向，将有利于旅游岛的健康发展。凤凰岛国际旅游岛就是要建设成为以旅游产业为主导、高端现代服务业协调发展的蓝色经济集聚区。围绕这一发展定位，探索采用北威州环保部建议的"荷兰模式"，把整个旅游岛区域当作一个整体来规划，做到区域范围内资源开发的四个"统一"，即统一整合、统一规划、统一开发、统一建设，抓好"陆地资源与海洋资源相结合、生态资源与旅游资源相结合、旅游岛规划与城市规划相结合"的三个结合，从而充分发挥海陆空整体发展优势。在编制高水平规划的基础上，要进一步维护好规划实施的刚性，按照建设中国北方最佳滨海旅游岛、打造国际知名暖温带海洋休闲度假目的地的目标，努力创建国家级旅游度假区。

启示二：保护好生态环境，走可持续发展之路。

此次在德国学习考察期间，给我印象最深的就是德国良好的生态环境，以及对环境保护的重视，这也是德国旅游业的一个重要支撑。对于凤凰岛而言，独特的生态自然环境是发展旅游业最大的资本和特色，我们既要利用开发好更要保护好。在发展旅游经济时，坚持做到不破坏资源、不污染环境、不搞低水平重复建设的"三不原则"，大力实施"绿岛计划"、推进"蓝岛计划"，构建可持续发展的产业基础和体制机制系统，重视新能源和节能减排新技术的利用，大力发展绿色交通体系，构建旅游岛绿色低碳环保的生态网络系统，积极引进零排放项目，鼓励岛内项目采用清洁能源，节能减排，促进旅游业与生态环境的和谐发展，使我们的岛更绿、水更蓝，真正做到可持续开发。

启示三：挖掘文化元素，建设多元化的旅游产业体系。

此次学习考察期间，我们走访了多个德国城镇，每到一处都被其深厚的人文氛围所吸引，世界各国游客慕名而来。文化是旅游的基础，凤凰岛国际旅游岛不仅有优良的原生态环境、优美的景观环境，还有独特的胶东渔家人文环境，应注重把文化与自然资源二者结合起来，尤其注重历史文化资源的挖掘与融合，例如薛武侯文化、齐长城文化、马濠运河文化、宋金海战等历史文化资源。围绕现有旅游项目，积极打造休闲度假、会展论坛、影视文化、海上运动、中央商贸国际旅游岛五大功能板块。

启示四：改善旅游环境，建立国际标准的旅游服务体系。

周到齐全的服务和人性化的管理是园区开发建设尤其是旅游园区取得成功的一个关键因素。什么是国际旅游岛，并不仅仅是吸引来了海外游客就是国际旅游岛，而是要建立一个具有国际标准的旅游服务软、硬件体系，为游客提供国际通行的旅游便利服务。坚持以人为本的原则，不断完善旅游服务基础设施，组建一支经过专业培训的旅游咨询服务队伍，为国内外游客提供真正"一站式"的服务。

同时，在此次考察过程沿途经过了几处德国房车露营地，经了解截至 2010 年德国拥有房车露营地 3600 余家，房车 130 余万辆，房车旅游已成一种主要旅游形式，德国房车露营地可分为森林、海滨、湖畔、乡村等几种类型，并根据营地规模、品质和服务评以星级等次。我区的房车露营地建设刚刚起步，通过此次德国之行，深刻认识到房车露营旅游必将成为我国休闲度假旅游的一个新的快速增长点，旅游岛建设应抓住此次发展机遇，结合旅游岛规划建设，加大房车露营地的引进建设，为游客提供多样化的服务设施。

启示五：加强宣传促销力度，提高旅游岛知名度。

旅游经济是体验经济，更是眼球经济，在旅游基础设施投入的同时，还需要大力进行市场宣传，一方面吸引国际知名旅游开发运营机构投资参与旅游岛建设，另一方面吸引目标人群来区旅游。在这方面我们要学习德国严谨的做事方式，分析客源地游客需求，制订差异化的营销策略，有针对性地开展旅游营销活动，使旅游岛的旅游环境与旅游知名度同步提升。

启示六：探索旅游培训新模式，满足旅游业发展人才需求。

德国双元制职业培训模式，给了我们解决旅游业快速发展与旅游专业技术人才短缺之间矛盾的新思路。旅游岛迅速发展已经吸引了大批旅游相关企业的入驻，目前仅落户的高档酒店项目就达 20 余家，未来 2 至 3 年将迅速形成一个 6000 张以上床位的高端旅游酒店群，迅速形成的产业规模，也需要大量的专业技术人才。对此，我们应借鉴德国职业培训模式，以政府或行业协会为主导，建立学校和用人单位相结合的双元制职业培训体系，探索建立旅游行业岗位认证制度，要求旅游行业从业人员持证上岗。

四、凤凰岛国际旅游岛建设的几点建议

此次德国考察学习带来旅游岛建设发展启示的同时，让我们清楚地了解到，国际旅游岛板块建设是我区蓝色经济核心区建设的重要载体，是我区落实经济"转方式，调结构"、转变经济增长方式的重要举措，借鉴德国经济社会发展先进经验，建议下步在旅游岛建设中，着力实施转型升级工程、智慧旅游工程、旅游营销工程、文旅融合工程、质量提升工程五大旅游工程，努力开创国际旅游岛发展新局面。

（1）实施转型升级工程。坚持以市场为导向，以转型升级为目的，加快推进旅游产业由观光向休闲度假转型升级。引进休闲度假旅游大项目，开发以度假休闲为核心，集海岛度假、海上运动休闲、山林度假、乡村旅游、节庆会展等不同主题的旅游产品和线路，推动发展旅游景点、旅游公园、旅游社区、旅游街区、旅游城市，形成度假旅游立体化模式。大力发展旅游商贸，引进高端旅游购物、餐饮项目，培育具有地方特色旅游商品生产的销售企业，做大做强地方特色餐饮产业，进一步丰富区域旅游内容，延长游客逗留时间。

（2）实施智慧旅游工程。遵循国家旅游局"智慧旅游"理念，建设智慧旅游城市。在现阶段尽快完善"一个网络平台、一个服务体系、一个交通网络"。一是升级建设功能完备的旅游门户网站。推进各类旅游信息的汇聚融合，构建旅游公共信息服务网络平台。二是建立国际标准的"1+N"旅游服务体系。面向青岛西海岸设立一个大型旅游信息咨询中心，在岛内主要景区、海底隧道服务站、主要商业中心、高校和社区设立 N 个旅游信息咨询点，增强交通集散、信息咨询、游程安排和受理投诉等方面的服务功能。三是建设旅游标识系统和交通网络。规划设置城市旅游标识系统，实现中英日韩等多语种标识全域覆盖，适时开通旅游专线车，创省级自驾游示范点，建设自驾车旅游服务体系，完善旅游目的地交通网络。

（3）实施旅游营销工程。围绕"推广凤凰岛旅游形象、发展海内外客源市场、拉动旅游消费"，全方位实施旅游营销。一是设计凤凰岛旅游标识、凤凰岛旅游风光片，制作发放旅游画册等中外文宣传品，加大央视等高层主流媒体和客源地媒体的推广力度，在国内外主流媒体进行宣传推介，使凤凰岛形象深入人心。二是开辟"网游凤凰岛"、"网络旅游超市"等板块，构建网络营销传播平台。三是开展旅游景区之间联合营销，组建一支专业化旅游营销团队，针对客源地市场需求，深化与重点客源地合作，定向开展俄罗斯、日、韩等主要海外客源地的促销活动，积极发展海内外旅游友好城市，推动旅行社与省内外重点客源市场旅行社客源互动。四是做大文旅节、贺年会、休闲会等节会品牌，通过节会传播凤凰岛旅游，惠及更多的市民游客。

（4）实施文旅融合工程。文化是旅游的灵魂，文化旅游的发展已成为衡量一个地区旅游发展水平的重要标准之一。要充分挖掘海洋文化、历史文化、民俗文化、影视文化等资源，开展文化旅游研究，策划推出一批特色鲜明、效益显著的文化旅

游产品和线路；推动文化旅游项目建设，培植文化旅游企业，大力发展文化旅游会展业；引进承办国内外规格高影响力大的体育赛事，打造文化旅游品牌，促进文化与旅游的有机融合，与旅游业形成良性互动。

（5）实施质量提升工程。强化旅游标准化体系建设，加快提升服务水平。搞好旅游人才培训，逐步形成以区高等院校旅游院系与区内重点旅游企业工学结合的职业技术人才培养和认证体系，为全区"智岛计划"提供支撑。强化旅游执法监察，组建专门的队伍，完善旅游市场联合执法长效机制，营造"管理优化、服务优质、秩序优良、游客满意"的旅游环境。

借鉴德国社会组织和职业教育理念与模式
发挥政协优势助推中德生态园建设

黄岛区政协　周瑞明

根据工委（区委）安排，由管委副主任刘鹏照带队，我区中德生态园建设专题研讨班一行 15 人，于 2011 年 11 月 20 日至 12 月 10 日到德国进行了学习考察。期间，我们首先在科隆市集中学习了德国生态经济、区域经济、生态园、投融资模式、职业技术人才等专题，考察了奥尔登堡地区生态园、德国工商会、斯图加特工程园等，并与有关人员进行了交流。其职业教育、社会组织、生态园规划建设和生态环境保护给我留下了深刻印象。

一、德国职业教育、社会组织、生态园规划及生态环境保护的主要做法和特点

（一）关于职业教育

1. 双元制

德国职业教育非常先进，从 1956 年开始，鉴于战后对职业人员需求量大，德国决定由工商会来组织职业培训工作，包括考试、发证等工作。从 1964 年开始采取双元制职业教育的方法；1969 年，国家颁布职业教育法令法规和细则；2005 年，又对法令法规进行了补充，在 2～3.5 年职业培训过程中，允许利用 1/3 的时间到国外去培训，并经鉴定后，承认学历，发放文凭。所谓"双元制"，主要是指每一个学员，必须有一半时间在学校进行学习，一半时间在企业进行实习。并非每家企业都能招收职业培训的学生，需具备资格证书方可招收。学生经过 2～3 年的职业教育后仍可以再进入正规大学。学生针对企业和学校来讲，都是合同一方；对于企业来讲，属司法上的合同关系；对于学校来讲，属工法上的一方。从管理上，企业的主管部门是工商会，学校的主管部门是州市教育局；资金来源方面，企业负责对学生发放一定工资，学校是州市出资负责教学投入；教学计划制订方面，企业有统一的培训大纲，学校有理论教学大纲。

2. 现状

目前，德国 340 种职业可以得到职业培训。工商会可以组织其中一部分职业培训，工商会的培训职业范围为：工业行业、商业、第三产业（制造业、建筑业、宾馆等）。手工业行业协会负责小型化的以手工为主企业的培训工作。根据企业的入会情况，分种类由相关行业协会组织进行培训和考试，各行业协会之间存在必要的

协作。德国的自由执业者（如医生、律师等）由相应的自由职业行业协会负责培训考试。在公共机构内的任职人员、农业从业人员（农场主）都有相应的行业协会。

3．德国职业教育的特点

①办学体制与模式的超前。以前，双元制的办学模式只限于一般职业学校，但自 1972 年以来，大学也开始有了双元制的模式。通过这些考察，了解到：双元制大学的学生不但能受到企业的欢迎，还可通过在校企交替学习的方式，完成本科学士学位的学习。双元制大学毕业生的薪酬通常也比普通大学的毕业生要高。只有得到双元制大学认可的企业，才能接受高中毕业生；只有得到企业认同的高中毕业生，才能够进入双元制大学就读。与学生签订合同的企业在学生入学期间，必须支付学生的工资，并逐年增长。②专业设置的超前。有些专业可能现在不受企业的欢迎，但以后需求潜力很大，学生将会有非常好的就业前景。校方认为设置面向未来的专业有助于促进经济的发展和增强学校的竞争力。③技术传播与推广的超前。在德国，培训学校负有一项重要的使命：将大学、研究机构最新的技术提供给中小企业，为研究型大学与中小企业建立起一座桥梁。职业学校由于不可能立即购置最新的设备，对于新技术、新工艺、新设备，在讲清原理的基础上，会以项目的形式，引导学生到企业参观，或通过学术会议的形式增加了解，掌握新技术的原理、作用与应用。

4．工商会在职业培训中的作用

德国工商会是代表经济界利益的自我管理机构，所以成员均为企业，独立于各党派。德国共有 80 多个工商会，工商会的经费不来于政府，靠收取会费来运行。

一是为企业和参加培训的年轻人提供咨询。每年到企业出访 3000 次，提供现场咨询和电话咨询，如电子信息产业因信息变化快，经常举办活动，让大纲制订的部门对企业进行教学培训，使企业掌握培训大纲的变化情况；为学生提供问题咨询，是学生的"娘家"。培训的人数及参加企业的数量与德国和当地经济情况密切相关，同时也与当年的学生生源质量相关，学生质量差，则招收的企业就少。此外，德国边境附近的企业愿意招收外国学生。

二是为企业是否有资格开展职业培训进行鉴定。首先看企业的硬件方面是否适合培训，是否具备所处行业必备的基本硬件条件；对企业内的培训老师是否具备带弟子的专业知识进行测定；对培训老师和管理者的个人素质、人品如有无犯罪记录等进行评定；对某些方面不是很具备条件的企业，帮助其与有条件的其他企业进行合作培训；每个得到资格的企业，均有档案在工商会备案：有关的培训记录、检查记录等都记录在案。

三是为合格企业发放许可证，或对尚不具备资格的优秀企业进行培训，使其具备培训资格。

四是对企业和学生签订培训合同后进行合同备案，组织中间和最终考试。合同中应包括：对培训职业的描述、培训的时间约定（1～4 个月为试用期，双方可以没有任何理由解约）、休假的规定（依据德国休假法或行业工会与雇主协会的集体约定）、工资（按照德国平均工资或行业工会与雇主协会制定的工资标准来确定；工资水平与行业、工作量、工作性质等密切相关，一般 300 ～ 800 欧元／月，工资由企业支付）；参加完 10 或 13 年教育的学生，可以参加部分职业培训；有些学生的有用经历可以得到承认，用以抵顶一部分培训时间，同时，培训期间表现特别好的学生可以提前考试，合格后毕业，但实际参加培训的时间不能低于大纲要求时间的 1/2；对每个参加培训的学生的情况存档留存，并根据培训情况主动与企业联系，通知学生来进行考试；考试内容、题目由考试委员会根据国家考试大纲负责确定，每个专业有 3 个人组成，包括专业老师和雇主协会、雇员协会人员构成，根据考试人数多少每个专业组下面可设若干考试小组。考试根据国家大纲要求，但考试具体内容在不同的地区、城市是有所不同的，考委会可以根据当地的具体情况、人才实际需要、经济发展需求自己制订考试内容；考委会的考试结束后，考委会要将有关考试结果、成绩等到工商会备案，没问题后发放德语和英语综合培训证书（也可加发法语证书），同时培训学校给学生发成绩证明，培训企业给学生发成绩单，但工商会发放的综合培训证书最管用。

参加工商会考试的学生只有取得了足够的培训学校教育课时、成绩后才能取得准考证，以此表明学校教育的必要性。

（二）关于社会组织

德国是一个法制非常健全的现代化国家，有着完善的结社法制和社会组织发展的法律政策环境，也是当今世界上社会组织最为发达的国家之一。德国发达的社会组织已成为今天德国社会不可缺少的一个重要组成部分。在德国，社会组织既可以办理登记，也可以不办理登记。这是德国社会组织管理的一种特殊性做法。据了解，德国大约有 100 万个社会组织，其中近 60 万家为登记注册的，还有约 50 万家未注册登记。德国的社会组织与人口比为 1：75，远远高于中国（1：5400），也高于英国（1：250）、日本（1：260）等发达国家，堪称世界上社会组织数量最多的国家之一。德国社会组织的发展，不仅满足了人们的各方面需要，还形成了重要的经济力量，对于公共管理和公共政策产生了深远的影响，对于经济和社会发展做出了重大的贡献。同时，社会组织的发展也增大了公民对社会公共生活和政治生活的参与意识和参与能力，增强了公众的意识表达和维护权益的能力。德国的社会组织不仅历史悠久，而且范围广、类型多，可分为互益性和公益性两大类。公益性组织涵盖了医疗、环保、教育、体育、文化、慈善救助等领域，是德国公共服务和社会福利服务事业的重要支柱。互益性组织以行业协会和商会最为突出，这类组织在经济协调和宏观管理等方面发挥了不可替代的作用。

感触比较深的是德国基金会联盟、德国行业协会商会（有关情况见附件一）。期间，我们考察了德国工商会。工商会完全代表企业的利益，辖区有 20000 余家会员，选出类似议会一样的代表，行业代表由所在行业选举产生，代表定期开会研究重大事项，并提出建议、提案并与政府协调，争取对企业、行业发展的促进措施；下设法规处、经济政策处等部门；全国有82家地方工商会，柏林有全国工商总会（德国工商大会）。

（三）关于生态园

Ecopark 生态工业园是乡镇、县、州、联邦四个层面进行管理的工业园。原来各乡镇有自己的工业园，但规模不大，难以承接大型的工业企业项目。因此，20世纪90年代末3个乡镇联合成立EconPark，该工业园距离高速、国道较近，交通便利，国道直通荷兰，区域位置较好。园区占地3平方千米，土地原属农民。为开发园区，成立了园区开发办，由开发办先从农民手中购得土地，价格约5～10欧元/平方米（同时要异地免费为农民提供同等面积的土地），再以20～30欧元/平方米的价格出售给进入园区的企业。之后利用土地出让差价，由开发办对园区进行基础设施配套，在10年间累计投资约1200万欧元，土地出让收入差价不足部分由投资的乡镇出资。10年间，园区已进驻16家企业，创造了550个就业岗位，现正在继续招商，以创造更多的就业机会。园区管理机构的社会职能：管理机构除招商外，还要为园区企业及企业与员工提供服务，如为解决外地来工作员工孩子的入托问题，在1千米外参与投资了一个幼儿园，以吸引更多的年轻专业人士来园区就业。

园区管理机构与各企业的领导形成了良好的对话、沟通机制，并为各企业提供服务，如为园区企业统一提供安保服务等。园区的3个不允许：园区内不允许建设住宅、不许搞零售业、不许搞娱乐业。

欧洲生态园建设已经取得了显著成效，如欧盟范围内勃兰登堡州、立陶宛、威尔士因污染排放达到0排放获得节能嘉奖。如勃兰登堡州中村庄的热、电均使用风能、太阳能、生物质能等可再生能源；北威州50个村中已有37个村庄建成太阳能村。

（四）关于生态环境保护

从19世纪初期到20世纪70年代，德国生态环境一直遭受工业和战争的双重污染和破坏，严重影响到德国居民的生命和健康，就连栖息在树上的蝴蝶也将保护色演变成黑色。从20世纪70年代开始，德国政府相继关闭污染严重的煤炭和化工企业，并投入巨资对废弃厂区进行生态修复。同时，在世界领先的信息技术、生物技术和环保技术的直接推动下，德国从工业化社会进入信息化社会，进一步降低了社会经济对生态环境的污染和破坏。经过30多年的不懈努力，德国目前已经成为世界上生态环境最好的国家之一。自然保护是联邦德国环境保护的重点领域之一，早期的自然保护重点放在自然保护区和风景名胜区"点"的保护上。目前，在德国约有5000处自然保护区和6000处风景保护区，分别占德国面积的2.3%和25%。

德国加强生态环境保护的主要做法有：发展生态农业、建设生态城市、加强湖泊保护等，详见附件二。

二、收获和体会

在德国期间，感觉整个德国就是一个大的生态园，德国城市绿化环境好，空气质量高，德国经济强势复苏。严谨、绿色、环保、规范、生态是我对德国的印象。主要的收获和体会有：

（1）加强生态环境保护迫在眉睫。我国不能走"先污染后治理"的道路。走新型工业化和现代化之路，建设环境友好型和资源节约型社会，必须"边建设边治理"，在发展中尽力控制和减少环境，在污染产生的过程中治理污染。

（2）发展经济、改善民生是首要任务。我国和德国处于不同的发展阶段，发展目标和发展重点迥异，中国必须把发展经济、改善民生放在首位。德国在20世纪70年代就已经完成工业化，即便目前，德国政府在面临发展经济和保护环境的矛盾时，仍然将发展经济放在首位。比如，德国焦炭发电量和核发电量仍然分别占发电总量的60%和20%以上，生态环保的可再生能源仅占10%左右。而我国目前正处于工业化中期，对能源和钢铁等自然资源的需求必然会导致一定的生态问题。德国经验表明，只有通过工业化和现代化，才能够解决民生问题；也只有通过工业化和现代化所积累的科学技术和经济实力，才可能解决生态环境问题。

（3）发展科学技术，建设生态文明。我国应当充分利用科学技术的后发优势，不断开发新能源技术，大力发展环保技术，努力开创新产业技术，加快科学技术的升级换代，促进经济结构的优化转型，确保生态文明建设的顺利进行。胡锦涛同志在十七大报告中重点强调的生态文明建设，不仅反映了中国对全球性生态环境建设的责任和决心，更重要的是反映出中华民族对人类未来文明形式的探索和贡献。作为中德两国政府在节能环保领域合作的第一个生态智能园区，中德生态园承担着在生态园区建设方面闯出一片新天地的重要使命，必将成为以世界眼光、国际标准、本土优势建设生态城市的最好诠释，成为推进全国绿色生态经济发展的强劲马达。

（4）加强社会管理创新，促进社会和谐。经过多年的努力，我国社会组织的建设和管理取得了很大进展，社会组织的大环境也正在发生重大变化。但必须清醒地看到，我国社会组织总体上仍处在发展的初级阶段，服务社会功能和自律性、诚信度还不足，外部思想观念、体制机制方面的障碍还比较突出，发展空间和环境还不够宽松，作用发挥与我国经济社会发展形势的要求还有很大差距。我们必须虚心学习德国及其他市场经济发达国家发展社会组织的做法和经验，取长补短，为我所用，加强和创新社会管理，进一步建设和谐社会。

（5）发展生态农业，破解"三农"难题。我国是个农业大国。发展生态农业是农业发展的必然趋势，利在当代，功在千秋。发展生态农业是世界农业发展的新趋势，也是我国农业生产进入新阶段后的必然选择。农业产地环境质量的好坏直接关系到农产品产量、质量和食物安全，影响人民的身体健康，关系农产品的市场竞争力和农业的可持续发展。我国现在的状况与德国30年前相似，农业环境已经成为制约我国农业和农村经济可持续发展的重要因素。改善我国的农业生态环境，提高农产品质量，增强农产品的国际竞争力势在必行。我们应该汲取"发展——污染——治理——发展"的教训，本着对子孙后代生存和发展负责的精神，从战略的高度提高对保护和改善农业生态环境的认识，增强责任感和紧迫感；要重视农业的多功能性，不能只重视经济效益，还要重视农业的生态功能。

三、发挥政协优势，为中德生态园建设多做贡献

政协具有联系广泛、人才荟萃的优势，在中德生态园建设中可以发挥积极作用。要在为促成中德生态园落户多方呼吁、全力助推，在规划选址、功能定位、项目建设等方面积极建言献策的基础上，继续发挥优势、助推中德生态园建设。

（1）为项目引进和建设多做贡献。密切与中国前驻德大使卢秋田、欧中联合商会执行副主席王海曦的联系，为中德生态园建设提供咨询、提供项目信息等。发挥欧中联合商会青岛代表处的桥梁纽带和平台载体作用，争取中德中小企业论坛落户，并为促进中欧在生态城市改造和生态园区规划、节能环保产业、能源环境技术、职业教育和人才培训、投融资服务等领域的合作牵线搭桥、提供服务和支持。

（2）为职业教育发展多做贡献。加强与德国及欧洲有关机构和社会组织的合作，开展中德生态园培训。

建议我区借鉴德国职业教育经验，大力发展职业教育。一是加快西海岸职业教育集团组建步伐，整合资源，以质量为核心，走特色之路，加强内涵发展，加快体制改革。二是引导职业院校积极适应经济社会的发展，坚持服务为宗旨，就业为导向，走产、学、研结合发展之路；以质量为核心，深化教学改革，优化产业结构，加强队伍建设，扩大国际交流，提高人才培养质量和办学水平；创新体制机制，增强办学活力。专业设置要走在企业的前面，招生工作要赶在企业的前面，培养企业急需的人才，取得企业更多订单，并获取企业的资源办学，影响企业将培养人才作为企业的一项任务，既出产品，也出人才。三是逐渐让企业负起部分培养责任，使企业具备职业教育的功能。通过各种形式、场合与媒体，通过我们持久的行动，改变观念，让企业也参与培养人才的理念在中国企业中获得认同，让中华民族的历史责任感在今后的发展中得到弘扬。四是要开设创新能力培养课程，培养学生的创新意识，使学生掌握创新方法并学以致用。部分专业要重新定位，尤其是工业设计类的专业一定要引领企业。其他的专业要进行广泛的调研，要有与企业同步的意识与做法，在不同的领域要有超前的预测与实践，不同的专业应有不同程度的引领，同时善于将新技术向企业转移。

（3）为促进社会组织发展多做贡献。要建设社会主义的市场经济体制，构建和谐社会，推进现代化建设，必须充分发挥社会组织的积极作用。要充分认识社会

组织历史存在的必要性以及社会发展的必然性，对社会组织应给予充分的信任和支持。区政协将围绕社会组织发展，组织委员深入调研、广泛论证，提出切实可行的意见和建议，为党政科学民主决策提供参考。

建议我区借鉴德国社会组织发展经验，大力发展社会中介组织。一要增强主动性。政府管理体制从全能政府向"小政府、大社会"的管理格局转变，建立党委领导、政府负责、社会协同、公众参与的社会管理模式，政事、政社进一步分开，政府将不该管的事交由市场、社会组织等承担。二要改变思维方式。与西方国家社会发展情况不同，我国社会领域的改革与社会组织的发展，都是在党和政府的主持和推动下进行的，其目的是社会公益和互益。政府与社会组织之间的关系，不是彼此替代、互相冲突的关系，而是相互配合、相得益彰的关系。要改变"泛政治化"的习惯思维方式，重视社会组织的社会代表性，加大社会组织的政府引导和支持力度。三要加大培育力度。政府要把培育发展社会组织作为当务之急，主动顺应时代潮流，积极适应形势变化，有意识地引导支持社会组织，进一步培育土壤、拓展空间，促进其健康成长。要把握发展规律、创新发展理念、破解发展难题，实现社会组织的总量、规模、结构、布局与我区经济、政治、文化、社会各项建设保持同步。

（4）为发展生态农业多做贡献。在中德生态园内建设中德农庄，引进与国际接轨的质量标准体系，为我国生态农业发展探索积累经验。

建议：在中德生态园内划出专门区域，引进德国发展生态农业的先进理念，引进科研、教育、推广体系，引进先进的仪器设备，中介服务组织参与的管理机制，引进作物轮作、生物防治、草药防治、微滴灌溉等多种生态农业生产技术，打造具有德国风情和德国元素，组织管理高效、节能、生态，生产、加工、销售一体化的农庄。使之成为中德生态园的一道靓丽风景线。同时，充分发挥示范引领作用，开展多层次、多渠道、多形式的培训和宣传，使保护环境、发展生态农业成为社会共识。

附件一：

德国基金会联盟、行业协会商会有关情况

一、德国基金会联盟

德国基金会联盟（联合会）成立于1948年，其宗旨是确保基金会的合法权益，加强各基金会之间联合和有效开展工作，争取与基金会相关的法规和税法的完善，从而保证基金会良好的发展环境。联盟现有3000多个会员，有30位工作人员，其中20位为专职人员，内设法律部、新闻部、成员服务部、财务部和会长秘书处等机构，全部经费来自会员交纳的会费。

德国基金会联盟，旨在保护德国的基金会利益不受大众、政策及政府当局的侵犯，确保基金会有效开展工作，达成它们的目标。甚至德国基金会的监管部门也成为了该基金会联盟的会员（基金会监管部门也可以成为联盟会员，是德国基金会管理体制中的一大特色，密切了基金会与政府的关系，也提高了基金会的参与意识）。截至目前，德国有合法登记的基金会1.5万多个，其中95%是公益性的，5%是非公益性的私人家族基金会。没有合法形式的基金会多达2.5万多个。所谓合法登记的基金会是按民法规定以私人名义成立，发起人注入基金（原始基金必须5万欧元以上），有权决定组织机构、理事会成员、活动范围和运作方式，但基金与发起人财产脱钩，为社会所有，政府派员参加监事会，并要求基金会提供年度报告，监督其是否按照宗旨、章程规定运作。没有合法形式的基金会，主要包括以信托方式成立的基金，以有限责任公司名义成立的，以及以社团名义成立的基金会（6个政党基金会有5个是社团基金会）。为了满足德国社会经济发展的需求，德国政府颁布了有利于基金会发展的政策法律，通过减税等手段，鼓励人们捐赠公益事业，大力发展基金会。

德国基金会数量多，管理比较规范。一是组织机构健全。一般理事会由各专业职能部门组成。基金会的最高权力机构为理事会，理事会一般由理事会主席、副主席、财务主管、秘书长和若干理事会成员组成。秘书长都是专职的，为基金会的发展提供组织保障。二是自律意识强。章程是基金会开展工作的纲领性文件，一旦制定后，很难更改。德国基金会严格按照其章程履行自己的职责，执行设立人在设立基金会之时的宗旨。基金会工作内容由自己决定，完全独立自主地开展活动，可以从事慈善事业之外的活动，只要这些活动不是纯粹的商业活动。政府只有权监督基金会是否遵守了法律及基金会章程列明的设立人意愿，而无权干涉基金会的具体活

动，真正体现了自己管理自己的特点。三是基金会都建立健全了财务管理制度，每年定期向有关部门提交经过审计的财务报告，自觉接受政府和公众的监管，增强了基金会的透明度。四是实力雄厚。德国基金会是德国经济社会文化发展的一部分，得到了企业、政府和各种社会力量的支持。像政党基金会，它们资金90%以上来源于联邦和州的财政预算，但不能为其政党竞选服务，其主要任务是推进德国和其他国家的民主政治、公民社会建设和生态环境保护。五是社会公信力强。德国基金会普遍赢得公众的认可，人们通过各种方式向这些基金会进行捐赠。一些长期捐赠者，甚至把自己的账号给了自己信得过的基金会，允许基金会在需要的时候按一定比例随时从中提取捐赠款，其公信力可想而知。

二、德国行业协会商会

德国行业协会商会是各类社会组织中最为活跃一类，其组织和管理体制特点比较突出。德国是市场经济发达的国家之一，但政府没有专门从事工业管理的机构，经济运行和市场调节主要由德国行业协会商会承担。按组织原则，德国的行业协会可分为两类：一类是依法实行义务入会制的具有公法性质的协会，其主要组织有德国工商联、德国手工业协会、德国企业驻外机构协会。这些行业协会俱是特殊社团，国家制定专门的法律，有庞大的组织机构，较高的组织化程度，代表性很强。基本按地区组建，覆盖全国，所涉地域、所涉行业的企业都必须依法参加。另一类是具有私法性质的由民间经济组织自发组成、自愿入会的民间行业协会。企业除了必须依法加入公法性质的行业协会外，还可自愿、自发按特定行业组成专业或综合性组织。从而在全国范围内形成了纵横交错，既有分工又能相互协调的组织网络。

德国行业协会商会的能力建设，经历了一个由弱到强的过程。早期的职能仅局限于为本会成员在市场上争夺最大的份额和最佳的利润，以后逐渐扩大，开始面向国家、公众和其他利益团体，在更大的范围内谋求其成员政治、经济和社会各方面的利益，进而成为国家发展机器的一个主要组成部分。

德国行业协会商会中工商联规模影响最大。德国全国工商联总部设在柏林，有会员360万家，在国内81个地区设有分支机构，在国际80多个国家设有代表处。我们参观的柏林市工商联，办公设施豪华，有会员23万个，全职工作人员200个。每4年选举协会领导层，包括主席、理事会。他们不仅反映企业呼声、进行行业协调、向企业提供咨询交流服务、提出发展战略建议、敦促改善基础设施、监督政府财政资金使用，还承担一部分政府职能，如职业教育考试、技术培训等。政府正是通过这些组织与企业发生联系，实现那"看不见的手"的作用。德国工商联经费全部来自会费（企业按营业额一定比例缴纳）、手续费、培训费和服务咨询费。柏林市工商联2006年的经费就有4000万欧元。行业协会商会已成为德国市场经济运行机制中不可缺少的组成部分，也是德国特色的政治制度。

附件二：

德国加强生态环境保护的主要做法和经验

一、主要做法

发展生态农业。德国是个发达的工业国家，但农业也不落后，粮食自给有余。在严重的工业污染面前，为了保持生态平衡，德国近年来大力发展生态农业。目前，这已成为德国农业发展的新趋势。德国耕地 2 万平方千米，森林 10.39 万平方千米，草场 5.6 万平方千米，农业人口占 1.5％，农业人口人均占用耕地 0.1 平方千米。德国的生态农业兴起于 20 世纪六七十年代，经过 30 多年发展，德国已成为当今世界上最大的有机食品生产国和消费国之一。目前德国共注册生态农场 8400 多家，面积 0.4 万平方千米，占农用土地面积的 2.5％，有机农产品产量约占总产量的 2％。德国政府十分重视农业的多功能性，对环境保护制定了严格的法律法规。例如，为治理冬季农田施用厩肥引起硝酸盐的淋溶而导致地下水污染，德国于 1989 年正式立法，禁止农民于每年 11 月 15 日至来年 1 月 15 日在农田施用厩肥。同时在政府补贴上向生态农业倾斜，如 2000 年度德国农业部的财政预算为 110.2 亿马克，其中用于生态农业和提高产品质量方面的费用占总经费的 66％。农民生产有机产品（Bioland 等），政府每公顷补贴 1000 马克，生产综合防治产品政府每公顷补贴 300 马克。

建设生态城市。围绕城市的可持续发展，在德国的德累斯顿、海德堡等城市开展了生态城市建设。主要做法有：一是科学规划。把城市生态规划与城市发展规划紧密结合起来，突出解决制约城市发展的主要环境问题。海德堡作为著名旅游城市，重点围绕旅游、城建、温室气体排放和交通运输 4 个方面进行。德累斯顿作为原东德的一个工业城市，生态市建设的重点放在调整上，即调整城市布局，停止开发位于该市上风向的南部山区；调整工业结构，关闭化工污染大户，大力发展电子、生物工程等环保友好型产业；调整能源结构，大力推行以气代煤并实行集中供热。同时，高度重视城市生态重建，如要求每家庭院都要挖坑截留雨水，以补充城市地下水源，恢复水生态。此外，对城市河网、绿地都有具体要求。二是建立生态指标评价体系。各城市在生态指标因子的选择上没有统一的规定，主要由市政当局根据本地的实际情况自行确定，各城市也按照讲求实效的原则，对底数清楚、又属于政府职责范围而且通过努力能够实现的主要环境指标，确定为考核内容。海德堡选择了空气、气候（二氧化碳排放）、噪声、废物、水体等 5 个主要指标，而德累斯顿市还选择了河流、绿地、自然保护区甚至太阳能利用等21个指标。三是推行生态预算制。他们认为,要确保一个城市经济和社会稳定、健康、协调发展,就必须严格实行财政预算制。同样,要确保一个城市资源和环境良性循环,也必须实行生态预算制。因此,这些城市进行生态预算在程序上完全与财政预算一样,先由政府提出草案,经议会审批后实施,次年再进行收支决算。目前,在德国已有7个城市开展生态预算制,并开始在欧洲其他国家推行。

加强湖泊保护。博登湖为欧洲第三大湖,早在20世纪50年代,人们已开始注意到污染问题并着手治理,但到了20世纪70年代中期污染还是在严重发生。经过几十年的努力,直到20世纪80年代后期水质才有明显好转,目前水质已基本恢复到20世纪50年代初期的水平。在博登湖治理过程中,一方面,他们十分重视污染防治工作,目前全流域生活污水处理率已达92.8%,工业污水几乎全部经过处理。另一方面,他们十分重视湖泊生态保护工作,并认为这是湖泊治理不可分割的一部分。在生态保护上采取四大举措:一是严格控制湖泊及周边地区的开发建设。在沿湖周围新开建设项目要严格实行环境影响评价,重点是评价其对湖泊带来的生态环境影响。适度开发湖泊资源,从湖中捕鱼、抽水和旅游都有十分严格的规定,如对入湖船只要求安装太阳能电池,使用无污染的油漆、涂料。二是保护湖滨带。他们认为,湖滨带连接陆地与水面,动植物种类繁多,是保持湖泊生态平衡的核心地带。过去为了扩大种植面积,湖边大片湿地受到破坏,芦苇隔离带消失,造成湖周污水及泥沙直接入湖,对湖泊构成严重威胁。1980年政府发布规定,明确提出要通过积极保护和恢复措施,重建湖滨带。为此,政府和有关民间保护组织,还有计划地把湖边私有耕地购买过来将其恢复为芦苇,并建立自然保护区。目前,沿湖共建立了19个不同类型的自然保护区。三是减少面源污染。在20世纪70年代末禁止使用含磷洗涤剂的基础上,又规定在距离湖面10米之内严禁施用磷肥。同时,大力宣传教育农民科学施肥,提倡在湖区周围弃耕和生态耕作,政府对由此造成的损失给予补贴。四是实行湖、河同治,大力恢复河流生态。对莱茵河这条主要入湖河流同样进行了几十年的治理,使入湖水质明显好转。同时,对自19世纪以来因航行、灌溉和防洪在河流上修建的各类工程,如河流两岸的水泥护坡,要逐步拆除并代之以灌木、草本,对曾被裁弯取直的人工河段,要逐步恢复弯曲原貌,恢复河流的生机和活力。

二、主要经验

①发展并广泛利用环境保护技术进行生态治理。②积极倡导生态民主,鼓励公众对环境治理的参与。③平衡经济发展和生态环境治理之间的关系,实现人和自然之间的和谐。第一,作为一个发达的工业化国家,德国已经在环境保护和生态治理上发展和积累了大量重要而实用的技术。德国充分利用这些技术来解决生态环境问题。首先,德国利用环保技术对工业化发展和战争造成污染的地点进行了环境修复。

过去100多年的工业化过程，尤其是第二次世界大战期间，德国的生态环境受到了严重污染。经过最近30年的发展，德国又拥有了蓝蓝的天空和清洁的水源。渗入在土壤中的重金属和化学毒素已经逐渐被清除。此外，德国教育公众掌握生态环保技术，使得公众学会尊重自然，保护环境。在过去10多年里，通过各种不同的综合教育体系，德国公众已经对生态环境具有良好的保护意识，这促使他们积极采取行动保护环境和治理环境。而且德国在社会各个领域通过技术手段对生态环境状况进行监测。目前，通过卫星、飞机、雷达、地面和水下传感系统等等，德国已经建立起一个非常完善的生态环境监控体系。借助这个体系，德国对气候变迁、土壤状况、空气质量、水域治理、污水处理、下水道系统等进行了实时的监控。第二，生态民主的倡导在德国生态治理中起到了很大作用。德国政府不仅大力投入资金进行生态治理，也积极改善环境保护和生态治理的法律法规，在德国公众中积极倡导环保理念。所有这些措施对推进德国的生态民主都是有益的。一方面，科学技术标准已经被德国和欧盟的环境法规所采纳，从而确保了德国的生态治理过程能够具有科学性、实践性和可操作性。另一方面，通过公私伙伴关系，德国在生态环境保护上已经形成一个很完善的治理结构。德国不仅充分利用政府与企业、NGO之间的合作，保护环境和治理污染，而且媒体和NGO能够充分保持独立性，从而确保了他们能在生态治理中发挥有效和积极的作用。因为独立性的存在，媒体和NGO能够对政府和企业进行真实的监督，更有效地向公众传播环境保护知识。此外，德国绿党在生态治理上也发挥了积极作用。绿党不仅一直在向公众倡导环境友好型社会理念，而且也尽力促成这些理念转化为法律法规以及公众真实的行动。第三，经济发展和环境治理之间的平衡关系在德国生态治理中是非常突出的。20世纪70年代，德国公众开始对环境污染问题有了高度的关注和觉醒。此后，德国开始反思经济发展和环境治理之间的关系。一方面，德国在坚持预防原则的前提下继续发展经济，确保降低进一步污染环境和破坏生态的概率。另一方面，德国倡导"谁污染谁治理"原则，让造成污染的企业来承担产生的污染成本。为此，德国对企业开征环境税，同时，大力鼓励企业利用环境技术来实现可持续发展。

以中德生态园为载体 涵养培育中小企业

黄岛区服务业发展局　　赵英民

2011年11月20日至12月10日，我参加了在德国举办的"中德生态园区建设专题研讨班"。这次学习考察的内容广泛而丰富，涉及生态环保、区域经济发展、生态园建设、投融资等诸多重要课题。通过20天的系统培训和实地考察，我们开阔了视野，增长了见识，更新了理念，对生态园基本理念、新能源技术开发、双元制职业教育体制等有了更加深刻的理解。

特别是，当前世界经济复苏的道路依旧漫长，欧元经济区危机四伏，只有德国经济已经快速走出危机，发展蓬勃稳健。是谁拯救了德国，从而给欧盟区带来希望？是德国众多的中小企业的内生动力，而不是国家巨大的财政投资，这尤其值得我们思考和反思。

一、德国中小企业发展基本情况及扶持政策

德国是世界经济强国和欧盟经济的火车头，是世界第四大经济体、世界第二大商品出口国和第三大商品进口国。德国是制造业强国，积聚了奔驰、宝马、博世、西门子、帝森克虏伯等一批世界一流的跨国制造企业，同时这些制造业巨头也带动、辐射、影响了众多中小企业，并成为其经济的重要支柱，在经济发展中起决定性作用，特别是当金融海啸让以规模经济效益取胜的大型企业深陷危机的时候，中小企业成为德国市场经济中最活跃的主体，在促进经济发展、提供就业机会、推动科技创新等方面发挥了重要作用，成为经济和社会发展的稳定器和"蓄水池"。

一是中小企业的投资活跃、经济总量比重大。据数据显示，尽管中小企业投资在2009年剧跌15.9%之后，2010年仅同比增长2.8%，但整个2005年至2010年间中小企业投资增幅达11.2%。2010年，中小企业总投资1430亿欧元，在德企业、全国总投资中分别占到55%、33%，其产值占到德国经济总量的80%以上。中小企业具有灵活适应经济环境变动的优势。2009年，中小企业营业收入曾下降6.2%，但2010年却再增长6.7%。

二是弥补了大企业的不足。德国中小企业根据自身的特点，发展多样化产品以满足市场需求，尤其是在食品、生活日用品、手工业制品等方面满足了市场要求和消费者的不同消费心理及特殊愿望，弥补了大型企业生产专业化的空缺，调节了市场活力，加强了市场经济的稳定性。从整体上看，中小企业比大企业有着更强烈的生存紧迫感，中小企业对产品和售后服务以及新技术的采用等方面有着更高的要求。由于中小企业有着灵活的管理方式和对新技术、新工艺方面的较强接收能力以及市

场较好的适应能力，在经济出现危机和市场发生大的动荡时，中小企业将比大型企业作出更快速的反应，保证了经济发展和市场的稳定性。

三是缓解了失业的压力。据德国复兴开发银行公告显示，2005年至2010年间德国新增180万就业岗位，均由中小企业提供；2010年在公共部门和大企业集团裁员17万人的同时，中小企业却新增雇员67万人。中小企业为缓解失业的压力起到了重要作用。

四是成为德国培训徒工的主要场所。德国建立了学徒制教育体系，这是德国模式的优势之一。由于德国采取学校和企业双向培训政策，一些年青的学徒工学校毕业后，必须经过职业培训方能上岗。中小企业由于有着传统的工艺和技术，一些基础科学在中小企业得到了快速应用，所以中小企业成为职业培训理想的场所。

同时，德国中小企业在发展过程中，也遇到各种问题和困难，例如，中小企业破产率比较高，劳动力成本高，致使产品缺乏市场竞争力，资金短缺，信息相对缺失，人均承担行政管理和非生产性社会开支过高等。德国政府将扶植中小企业发展定为重要的经济政策，先后制定了500项行动措施，并为中小企业专门推出了有关促进发展条例，减少对中小企业的行政干预，同时，还调整和制订了有助于中小企业发展的社会福利、劳资合同和税收等有关法令。其主要的政策和措施有以下几个方面：

一是加强立法和宏观调控政策。在立法方面，德国实行反限制竞争的经济政策，旨在禁止在大企业之间签订生产领域的卡特尔协议，而支持中小企业间签订卡特尔合同，增强中小企业抗衡大企业的能力。建立各种支持机构。联邦政府经济部、财政部、研技部都下设专门负责中小企业的机构；各州政府、德工业协会、工商会也都设有专门负责中小企业的促进部门；一些指定银行（如复兴银行和清算银行）也设专门负责中小企业的机构，经济部还在波恩设有中小企业研究所；在欧盟和驻外使团内，也设有中小企业促进机构。设立管理中小企业的官方机构，如联邦经济部的中小企业秘书处，主要任务是为中小企业提供信息和宣传材料，负责制订欧洲复兴基金贷款计划，为国际技术转让提供低息贷款等。

二是提供持续有力的资金援助。①税收优惠。"免税法"首先针对中小企业在贸易税类方面实施，后又推广扩大到了所得税、财产税等税种。②财政补贴。为中小企业承担培训任务，可以得到国家补贴。在手工业、贸易、农业和家庭经济方面培训年轻人，还可以得到优惠的贷款。中小企业在德国东部进行经济产业和基础设施的投资，可以获得投资总额15%到23%的投资补贴。③信贷援助。为促进中小企业的生存和发展，联邦政府专门设立了"欧洲复兴计划特殊资产基金"，新成立的中小企业可以以银行贷款方式获得自有资金援助。中小企业如扩大生产、进行合理化调整或转产，可以得到银行贷款。④贷款担保。为保证新产品、新工艺的生产，减少投资风险，中小企业可以从银行得到投资担保资金。为促进中小企业的产品出口，联邦和各州政府为中小企业提供优惠短期和中长期出口信贷和信贷担保。

三是加强信息市场体系建设。德国建立了信息中心网络，中小企业可以在欧盟范围内得到各方面的生产和市场信息。联邦政府和各州政府通过各种咨询机构举办各种促进投资研讨会、信息交流会，为中小企业提供各种国内外市场信息咨询，并提供补贴。组织中小企业参加国内外各种博览会和交易会，帮助中小企业推销产品，中小企业又可获得生产和市场信息，同时中小企业还可从德国政府获得一半补贴。联邦政府和各州政府为促进中小企业出口，改善出口咨询服务，为其提供出口咨询补贴。

四是突出技术交流和培训。为提高中小企业科研、技术开发和技术革新的能力，使现代化的先进技术尽快投入生产，使产品尽快达到国际市场所要求的技术水平，全国建立了 160 个技术研究协会，其中 50 个在德国东部。联邦研技部设立了"小型技术企业参与基金"，为中小企业参加高新尖技术研究和新产品开发提供贷款。并且企业人员和专业研究人员可以到企业工作一段时间。中小企业可以和研究机构共同承担研究项目，共享研究成果。联邦政府和地方政府对以上合作给予补贴。中小企业管理人员、技术人员定期接收培训和进修，以提高中小企业的管理水平和技术水平。

五是注重社会化服务体系建设。德国的中小企业社会化服务体系逐步形成了以政府部门为龙头，半官方服务机构为骨架，各类商会、协会为桥梁，社会服务中介为依托的全方位构架，为中小企业在法律事务、评估、会计、审计、公证、招标、人才市场、人员培训、企业咨询等方面提供全面的服务。全德国有 150 多个不同的商会、协会，围绕中小企业的需求，开展各类业务活动。如德国工商大会有 82 个分会，350 万个企业会员。德国中小企业联合会财政上由德国联邦经济合作和发展部提供资助，是包括德国小商业和手工业等商会和协会的庞大组织，有 55 个商会和 43 个国家级协会的工作小组，代表德国政府及所有中央权力机构以及欧洲联盟和国际机构的小商业及手工业的总体利益。商会和协会作为中小企业的最重要的服务机构，在为中小企业服务中发挥实质上的作用，使中小企业以年净增 7 万户的速度增长，给社会提供了绝大多数的就业机会，促进了经济增长和社会繁荣。

二、我区中小企业发展情况及产业结构存在的问题

中小企业同样也是我区的活力之源、富民之本，已经成为推动全区经济社会发展最富有机动性、灵活性和创造性的力量。截至 2011 年 9 月，我区民营中小企业工商注册数达到 3.2 万家，同比增加 20%，占全区企业总数的 98.5%，注册资本金达到 785 亿元，同比增长 27%，占全区总量的 86%。民营经济注册登记从业人员超过 15 万人，同比增长 21%，占全区从业人员总数的 87%。2011 年 1～9 月全区民营中小企业实现增加值 288.2 亿元，同比增长 21%，占全区 GDP 的 34.2%。实现纳税总额为 49.9 亿元，同比增长 17.8%，占全区税收总收入的 34.8%。尽管我区中小企业在加速发展，但是在国有企业、外资企业和重点企业"三座大山"面前，中小

企业面临的困难绝不仅仅体现在融资方面，更体现在产业、税收、投资等各方面受到的政策歧视以及企业自身存在的创新能力和竞争力不足等方面。

总体而言，我区的产业结构正处于加速调整期，但是面临较大的发展压力。前十年，我区的产业引进和培育以大工业、大项目和"国"字号为主，"十一五"期间国民经济年均增速超过19%，工业产值跃上3000亿台阶，大企业功不可没。但是，到了今天的发展阶段，尤其是经济转型和调整的关键时期，大项目和大企业的另一面也表现得非常突出：土地、能源、环境指标越来越紧张，几无空间可以利用，对未来发展构成了严重威胁。大企业的发展基本是引进和培育，走的是规模膨胀型道路，大部分是加工和生产基地，自主创新和发展内生动力缺乏，规模和效益往往难以同步，造成了我区财政收入占生产总值比重大大低于广州、天津等开发区水平。另外，中小企业的发展空间受到挤压，政府主动培育不够，基本上任其自生自灭，一直在建筑施工、房地产、配套加工等领域低水平重复和徘徊，资源配置能力较低，没有产业规模，更没有国际化企业。因此，目前这种产业结构尽管存在历史的合理性，但是面向未来，必须尽快调整和优化，而实现的基本途径就是加快培育中小企业和产业群体，形成大企业群象共舞、中小企业万马奔腾的良好产业格局。

三、以中德生态园为载体，加快发展中小企业的几点建议

启动中德生态园建设是我省扩大对外开放进程中的一件大事，是我省与德国进一步加强经贸合作的重要平台，也是推进半岛蓝色经济区建设的重要引擎。根据规划，中德生态园发展定位为中德合作具有示范意义的高端产业生态园区、世界高端生态企业国际化聚集区、世界高端生态技术研发区和宜居生态示范区。生态园园区功能定位为以高端制造业为核心，以生态商住、商务金融等现代化服务业为支撑，生态自然为基底的综合性园区。

鉴于中小企业在我区推进产业结构升级中占据着重要的地位，他们所需投资少，建设周期短，安排劳动就业灵活，扩大再生产速度快，这恰恰有利于统筹区域经济发展过程中企业转型和劳动就业，而要推动经济发展方式的转变，中小企业产业转型必不可少。在当前转方式、调结构的关键时期，我区要以中德生态园为发展载体，以鼓励、扶持、引导为核心，以技术创新为动力，通过扩大资金投入，引导企业做大做强，创造平等竞争和相对完善的政策环境，促进科技创新型中小企业实现"二次创业"，并从外部环境和内部创新两方面加以扶持，起到推进我区中小企业发展的示范作用。

（1）主动承接国外优势中小企业转移，加快招商引资。突出和做足中德合作品牌，下大力气做好招商引资工作。在企业选择上，将招引"专、精、特、新"的中小企业作为主攻方向。以优惠的政策、优质的服务吸引一批有成熟产品、核心技术优势、产品议价权，并且市场占有率高、利润稳定的中小企业集群，拉长我区产业链，壮大我区的经济实力。在产业选择上，在引进符合环保要求的工业项目的同

时，加大对电子信息和生物医药为主导的高科技产业，以现代物流业为主导的高端现代服务业，以先进制造业基地为产业基础的总部经济。既节约集约用地，又能在较短的时间内拉长产业链条，增强产业配套能力。在招商心态上，既要有只争朝夕、时不我待的紧迫感，不断加大招商力度，加快承接产业转移步伐，又要保持从容和冷静的心态，为好项目、优势产业保留一定的要素资源特别是土地资源，为长远发展和持续发展预留空间，为培育优势产业、提升产业层次打下基础。

（2）改善投融资环境，进一步开拓中小企业融资渠道。借鉴德国发展经验，尽快建立针对中小企业发展不同阶段的多层次、全方位的中小企业融资体系。一是参照我区与北大 PE 机构合作模式，采取政府引导方式吸引战略投资伙伴建立园区建设基金，并通过中德生态园开发公司与德方公司共同组建基金管理公司对基金的进行统一运作，针对园区环保、科技等中小企业进行风险投资，扶持企业发展壮大，并通过培育企业上市等方式完善退出机制。同时充分发挥区内已有红土创投基金作用，为区内高成长型中小企业提供风险投资等支持，满足企业初创期资金需要。二是加快推进中小企业信用平台建设工作。依据《关于创建中小企业信用体系建设试验区的意见》，加快征集区内司法、税务、环保、用水等数据信息，建立我区中小企业信用信息系统，全面改善我区中小企业信用体系。三是加快推进产业金融发展。结合中德生态园内产业特点，引进、培育专业金融机构支持产业链企业发展，如特色专营化银行、融资租赁公司等机构，为园区内企业提供专业化融资服务。

（3）重视先进技术创新，提高中小企业的核心竞争力。制定和完善鼓励中小企业技术创新的政策，为中小企业的研究开发，产、学、研联合等提供政策保障、资金支持和贷款担保等。一是建议管委（区政府）拨出一定比例的研究开发经费，制定专门的技术开发补助金制度，对中小企业技术创新提供资金补助，帮助中小企业进行产品研发，并实施税费减免等优惠制度。二是支持中小企业进行技术开发，并对处于基础—应用阶段的构思技术或自有技术的技术开发进行资助，提高与促进中小企业的技术改造。充分发挥我区创业中心、山东科技大学科技园等企业孵化器作用，促进高新技术产业发展，培育有竞争力的中小企业和企业家。三是重视为中小企业培养技术人才，引导中小企业建立与区内山东科技大学等科研机构、大专院校的协作关系，促进科研成果向中小企业的转化。

（4）实施中小企业创业工程，激发企业发展成长的活力。一是全面实施"二次"创业工程，选择一批骨干企业试点推进二次创业和创新创业，搞好创业指导服务，贯彻落实《现有小微企业担保贷款贴息暂行办法》，为区内小微企业提供更有力的信贷支持。开展"中小企业创业带头人"活动，并设立区级奖项，进一步推动企业"二次创业"活动的深入开展。二是实施品牌发展战略，在区域内选择一部分科技型、创新型的中小企业进行重点扶植，争取每年打造 10 ～ 15 户明星中小企业，推动其尽快做大、做优、做强。加大对中小企业获得省市级名牌的奖励力度，培育一批拥有自主知识产权的名牌产品，提升我区中小企业的整体发展水平。三是支持中小企业技术交流，通过不同领域经营资源的融合开拓新的领域；为中小企业技术创新建立良好的信息咨询、技术服务保障体系。引导中小企业根据自身的情况，因地制宜地抓好核心技术能力、生产制造能力等方面的培育工作，进一步提高竞争力。四是搭建技术服务平台，帮助中小企业做好项目申报、评价、策划等服务工作，促进科技成果转化和技术转让，为中小企业提供技术开发服务。

（5）不断完善扶持政策体系，改善中小企业发展政策软环境。应借鉴德国的成功经验，围绕促进中小企业发展的融资、创新、人才培养、信息化等方面的法律法规来展开，并将其迅速落实到位。一是加强领导。成立区主要领导亲自挂帅，相关职能部门共同参与，促进中小企业发展的领导小组，建立区领导、部门、街道和金融机构结对帮扶制度，着力解决企业发展中遇到的各种问题，构建与抓招商、抓大企业同等规格的领导架构，统筹全区力量促进中小企业的发展。二是规范文件。整合近几年国家、省和市出台有关加快民营经济和中小企业发展的文件，结合我区实际，以管委（区政府）名义出台一个加快中小企业发展的指导性意见，在用地、用电、用水等要素配置方面，给予中小企业与大企业一视同仁的政策，使中小企业与大企业拥有同等的竞争环境。对一些有发展前景的成长型中小企业优先安排要素供应，使之尽快成长壮大。三是建议管委（区政府）设立扶持中小企业发展专项资金，用于培育、支持、促进中小企业上规模、上档次，支持鼓励区内重点骨干企业做大做强。重点培育一批产值在 5000 万元以上的成长型中小企业，同时也要注意培育一批销售收入在 500 万元以上，有发展潜力的、符合产业发展规划的小企业，促进小企业成长壮大。

（6）务实高效的职业教育，增强为中小企业发展的服务功能。德国享誉全球的职业教育，被誉为推动德国经济发展的"秘密武器"。德国职业教育的基本形式是"双元制"（Duale System），即学生在企业接受实践技能培训和在学校接受理论培养相结合的职业教育形式。接受双元制培训的学生，一般必须具备主体中学或实科中学（相当于我国的初中）毕业证书，之后，自己或通过劳动局的职业介绍中心选择一家企业，按照有关法律的规定同企业签订培训合同，得到一个培训岗位，然后再到相关的职业学校登记取得理论学习资格。双元制职业教育模式下的学生具备双重身份：在学校是学生，在企业是学徒工。近年来，在德国又出现了第三种培训形式，即跨企业培训。学生在接受企业培训和学校教育的同时，每年抽出一定时间到跨企业培训中心接受集中培训，作为对企业培训的补充和强化。学习德国职业教育模式，充分发挥中德职业教育集团的作用，建立特殊的培训机制，以全新理念打造全国特色职业教育品牌，为中小企业发展输送有专业知识、专业技术的人员。

德国城市及园区规划建设的几点启示

黄岛区规划分局　　金宝忠

根据区组织部的安排，2011 年 11 月 20 日至 12 月 10 日，我参加了赴德国生态园区建设专题研讨班。通过这次学习考察和交流，我收获颇丰，开阔了视野，提升了规划建设等方面的业务水平。

本次研讨班培训考察的主要内容有：①由德国卡尔·杜益斯堡公益中心负责安排的理论培训讲座。②参观考察生态工业园。③参观考察城市建设和城市管理。

一、德国城市规划、建设的经验做法

德国位于欧洲中部，面积 35.7 万平方千米，有 16 个联邦州，8200 万人口，城市化率超过 95%，成为世界城市化水平最高的国家之一，也是发达资本主义国家城市规划建设富有特色的国家之一。德国城市建设的特色和经验，主要体现在以下几个方面：

一是科学严谨的规划机制。德国是一个高度重视规划的国家，从政府到普通国民，做任何事情都非常严谨认真，一丝不苟，重视事前谋划。德国的城市规划覆盖了全国每一寸土地。政府规划职责明确，实行联邦——州——地方政府三级规划。联邦政府只做规划政策的引导和法律的颁行、修订，是原则性、指导性的，规划的核心理念是完善区域功能、促进均衡发展、强化生态保护。州和地方政府在这 3 条原则的前提下，遵照相关法律和各自职责，从实际出发制订城市建设规划的总规、控规和详规，越下一级的规划，越具有操作性和约束力。各级规划均具有前瞻性，以解决预见性问题为出发点，至少要考虑 50 年以上，真正是一朝建设，百年受益。

二是城乡均衡的空间布局。德国一直坚持均衡发展的原则，创造"等值的生活条件"，也就是"均等化的生活条件"，在不同的地区，人们享有同等的生活条件、生活环境和生活质量。①城市布局的均衡。德国城市规划在空间布局上是按照主城区、副城区和周边小城镇的模式进行的，独特之处在于大城市不大、小城镇不小，星罗棋布，功能完备。人口在百万以上的城市仅有柏林、汉堡、慕尼黑和科隆 4 座，最大的柏林市才 340 万人，20 万人口就可称得上中等城市。全国有 1/3 的人口住在 10 万人以上的城市，有 2/3 的人口住在 2 ～ 10 万人口规模的小城镇。一个大城市周围就有几个副中心，副中心集住宅、办公、教育、医疗、商业、餐饮、娱乐、休闲等功能为一体，是一个设施比较完整、混合型的综合区域。副中心的好处是使人们的活动范围减小，人们在工作、生活和外出购物上不会花费大量的时间和费用。

如在柏林市，大部分人使用公共交通上下班，时间平均在半小时。②公共设施的均衡。德国城乡建设基本无差别，城和乡的概念基本没有区别，乡村除了规模、作用和影响范围不及大城市，一般的基础设施和生活水平大同小异，即使小村镇，也是"麻雀虽小五脏俱全"，有着大城市所具备的基础设施。德国人规划和建设的理念是"方便生活"，商业、办公、住宅设施综合化、一体化，不搞单一功能区。到夜晚也没有"死城"，就是没有一处区域是冷冷清清、无人活动的。

三是碧水蓝天的生态环境。德国属温带大陆性气候，雨量充沛、光照充足，加上重视生态绿化和保护，使德国成为真正意义上的园林国家。不论走到哪里，看到的都是风光旖旎的美景，闻到的是泥土花草的芬芳，能感受到人与自然的和谐。注重生态绿化。德国森林覆盖率达到30%以上。我们走过的所有公路，沿线都是一片片树林和草地，绿树成荫，碧草似毯，没有一块裸露的土地；大小城镇和村庄除了各式建筑就是公园、草地、树林和原野，参天大树和百年老树随处可见。城市里遍布大小不一的公园。在柏林市，万亩以上的公园就有4个，公园里随处可见野生天鹅、水鸭等在湖中悠闲戏水，它们丝毫不介意岸上嬉戏的游人。德国的河流、湖泊众多。大部分城市依河而立、依河而建、依河而兴。河水清澈见底，河边树草灌木保持着原始生态。闻名世界的莱茵河和多瑙河等流经德国境内，使得位于欧洲心脏的德国成为多姿多彩、引人入胜的休闲旅游胜地。

四是无处不在的环境保护。德国政府很重视环境保护，是环保投入较大的国家。这既体现在生态绿化上，同时也体现在节能减排上。德国很早就把节约能源作为其能源战略的重要组成部分，颁布了许多法律法规并采取多种措施鼓励民众节能，调动个人和企业节能的积极性。德国人外出尽量坐公交、骑自行车或步行，德国城市里自行车比例甚至超过青岛市。在拜访斯图加特市一处新型能源热电设施试点小区时，负责接待的市环保局局长就是骑自行车1个多小时从家里赶到现场的。德国不论单位、社区还是家庭，门外都摆放三四个不同颜色的垃圾筒，用于分装不同类型的垃圾，便于对垃圾进行分类处理。德国大小高低档宾馆都不提供一次性的牙刷、牙膏、剃须刀、浴帽、拖鞋等卫生洗漱用具。就连雨水和污水也要分开处理，规定雨水不得马上随管道流走，而是收集起来，用于冲下水道或浇花草，其余的尽量渗入地下。德国的广场、停车位不用水泥硬化，而是用天然小石块铺设，留有渗水空隙。草地地面高低不平，设置低洼凹槽和池塘，用于雨水的收集和渗漏，涝时蓄水，干旱时蒸发降温。很多道路绿化带低于路面，便于雨水自然浇灌，既节省人工又节约水资源，一举多得。德国政府非常注重污染治理，德国工业化快速发展的时期，环境污染也比较严重。20世纪50年代，位于莱茵河流域的鲁尔工业区，凭借其丰富的煤炭资源开始迅猛发展，无数矿山、能源、化工和钢铁企业如雨后春笋般涌现，大量的工业垃圾和生活污水使莱茵河遭受严重污染。到20世纪70年代，莱茵河已经不堪重负，河流中的鱼和其他水生动物大量死亡，河水散发阵阵臭味。德国政府下大力气着手实施产业转型战略，关闭污染企业，在企业原址上进行土地修复和产业转型，建起了科研基地、新型产业基地、住宅区和休闲娱乐区，大量栽树种草。经过全面的整体改造，如今的鲁尔区已成为一个人类宜居和高校、高新产业园区集中地。

五是便捷完善的公共设施。德国的城市基础设施方便快捷，以人为本。德国一般城市在文化、教育、体育、卫生、生活休闲等公共设施方面比较完善，都具有规模不同、档次不等的图书馆、艺术馆、歌剧院、体育馆等，可以说是城乡一体化配套。德国的交通形成了由空港、高速、铁路、轻轨、汽车道、自行车道、人行道等构成的快速便捷的立体交通网络。高速公路总长度超过 1.2 万千米，是欧洲国家中高速公路密度最大的国家。城市内每隔 200 ~ 400 米就有路网，很少有断头路、丁字路，大都是循环路，四通八达，方便快捷，人们在工作、生活的外出交通上不会花费太多的时间和费用。德国城市公共设施的设计和建造尽显人性化，如交叉路口的人行道边缘与路面平齐，在十字路口造小坡迫使汽车减速，大小商店均不设台阶，可直接由人行道步入。

六是古今和谐的建筑风格。城市既是建筑艺术的天堂，也是社会历史的缩影。德国城市普遍具有古城风貌、自然优美的特点。德国是欧美发达国家中文物保护与研究开发较好的国家之一。国内有 5600 多座博物馆，有 27 个保护景点被列入世界文化遗产保护名录。遍布全国、富丽堂皇的皇宫、城堡、教堂等，建造艺术精湛，无论是什么时期的建筑，处处展现德国独特的社会人文历史。在德国超过 30 年以上的建筑即成为文物，受法律保护。他们的文物保护不是单纯的保护，而是在利用中保护。古建筑可作为办公室、文物陈列室等进行利用，一般不闲置。不莱梅市是个古城，有 1500 多幢古建筑被列入文物保护名录，保护维修费用主要由业主负责，政府只承担 10% 左右。这一科学、理性的保护理念和原则已融入德国政府的施政方针和策略中，也渗入到普通国民的日常生活中。德国随处可见极具特色的城市雕塑，城市雕塑、壁画是构成德国城市风貌的又一主要特征。这些雕塑有的是根据历史名人修建的，有的则纯粹是艺术品。有广场雕塑、桥头雕塑、墙体雕塑、公园雕塑，甚至一幢大楼都以雕塑示人，生动展现了德国独特的人文历史。德国很注重建筑艺术，每一栋楼房、每一处建筑、每一个景观都是一件艺术作品，风格迥异，互不雷同，给人以强烈的心灵震撼和美轮美奂的视觉享受。柏林是从第二次世界大战的废墟上重新建立起来的一座城市，也是 1989 年拆除"柏林墙"、东、西德统一后，加速建设的一座新城。柏林的古建筑和现代建筑互相辉映，充分展现德国的发展历史。

七是文明有序的社会环境。城市是人群高度聚集的场所，城市因人而建、为人所建。德国的市民普遍素质较高，遵纪守法。从 20 天的所见所闻中，我们能充分感受到德国文明有序的社会环境，期间未见一处公共设施损坏不能使用，未见不亮的路灯，未见损坏的座椅，未见一户住宅安装防盗门窗，未见一起打架斗殴事件。办事时只要是人多需等待，一定是排队等候。另外，德国的公交、有轨电车没人查票验票；没有交通警察，不管是白天晚上、城市乡村，红灯亮时，行人肯定驻足等待；没有强行超车鸣喇叭的，只要有行人试图穿越马路，司机肯定减速、停车或示意行人先行通过，均反映了德国国民较高的整体素质。

二、几点启示

德国的城市规划建设理念超前，特色鲜明，为我区特别是中德生态园的规划、建设与管理提供了有益的借鉴和启示。

启示一：要注重科学规划。

城市靠建设，规划是龙头。高水平的规划是财富、是文化、是丰碑，低水平的规划建设是包袱、是垃圾、是耻辱。我们要学习借鉴德国科学、严谨、认真的城市规划做法和理念，绝不能忽视由于规划不科学、不严谨，甚至随意拍板、人为想象造成朝令夕改、劳民伤财的"短命工程"。第一，规划要注重综合性、协调性。城市规划不仅仅是道路、房屋、公园、广场等硬件设施局部的单项的规划，而是包括经济、政治、文化、教育、医疗、卫生等各种经济社会和生活服务功能的综合性规划，注重经济和各项社会事业的全面协调发展。第二，规划要注重前瞻性、长远性。规划应该考虑长远，不能只顾眼前，要考虑至少50年甚至上百年的可预见性问题。如经济的发展、产业的布局、土地的利用、人口的变化、气候的变迁等，包括洪水、地震、台风等自然灾害因素，这些方面都要经过认真的测算，用数据来说话，不能今天建设，明天后悔，后天拆除。第三，规划要注重公众性、实用性。在德国，一项大的规划的出台，需要5年左右的时间。规划出台前后都要广泛征求公众的意见和建议，详细分析论证，力求尽善尽美。第四，规划要注重严肃性、权威性。规划一经出台，就必须严格执行，任何人不能轻易更改，修订规划必须经权威部门按法定程序批准。对在城市建设中违反规划的行为，必须严厉制止，依法制裁。

启示二：要注重产业布局。

城市现代化发展，经济是基础，产业是支撑。城市化是产业化发展的必然结果，产业发展和城市化建设互为依托，相互促进，脱离产业规划的城市布局是盲目的、不科学的。所以，城市的规划布局和产业的发展布局必须紧密结合起来。第一，优先考虑经济发展。德国是经济发达国家，其工业革命要比我们早100多年，城市化是伴随着工业化的进程而发展的。经济发展决定一个城市的未来发展走向，我们不能把城市化建设单纯理解为修路、盖楼、建广场，或者是一味的人口聚集，"摊大饼"式发展，而是要首先考虑经济发展。第二，抓好产业的布局规划。制定一个城市的发展规划，要与其各类产业的空间布局紧密结合。根据产业决定城市的发展规模和城市性质。我们要借鉴德国产业布局和城市化发展的经验教训，在制定城市发展规划时，结合我们的特点和优势来规划产业布局，科学合理地进行项目布点。

启示三：要注重生态建设。

德国的城市规划在生态建设和节能环保方面做得很好，整个国土总面积的1/3

被绿化覆盖。要大力加强生态环境建设，努力实现生态化目标。第一，要加大力度植树造林搞绿化。成片的树木可以涵养水源，净化空气，调节气候。第二，要牢固树立节能减排理念。在德国，节能减排的理念深入人心，范例随处可见，令人叹服。特别是要借鉴德国雨水收集利用的理念和方法，绿地上建凹地、建池塘，绿化带设计要尽量低于路面，便于储蓄雨水，停车场、广场、人行道减少水泥硬化，设计可渗水的间隙，街道排水系统要设计雨污分离管道，在考虑雨水排放的同时要考虑雨水的收集，使水资源得以充分回收利用。同时要借鉴德国的环保节能措施，制定出台优惠政策和奖励措施，鼓励节能技术的推广应用；要大力倡导低碳生活，减少一次性物品的使用，鼓励人们坐公交车、骑自行车或步行，减少汽车尾气排放，营造保护环境、节能减排的社会氛围，共同为生态建设做贡献。

启示四：要注重公共基础设施建设。

德国的公共基础设施建设非常先进，功能配套完善，处处体现出以人为本的理念。第一，要注重道路交通网络建设。在推进城市化发展的过程中，我们必须进一步完善交通网络。要合理规划机动车道、非机动车道、人行道，特别是对人口密集的区域，在规划道路时要加大路网密度，多设路口，多设平行线，多设循环路。德国城市的道路宽度一般都在25～30米左右，但没有堵车现象发生。相反，我国城市的道路大多比德国宽，人均拥有车辆没有德国多，但堵车现象却成为困扰城市发展和居民生活的一大顽症，甚至出现汽车比不上步行快的怪现象，除了管理方面的原因外，其根本原因还是我们的路网密度小、环路少、主路压力大。第二，要配套完善城市功能小区。要规划多个功能齐全的核心区，缩小城市居民的工作、生活半径，使人们工作、购物、健身、娱乐等在若干个核心区就可完成，减少出行的时间和成本。

启示五：要注重历史文化保护。没有文化的城市是一个没有内涵、没有灵魂的城市。

第一，要传承历史文化。德国特别注重传承保护历史文化，他们的城市建设"保持特色，不改建；保留历史，不拆除；保护建筑，不陈旧；留住历史记忆，留下文化遗产"。实际上，每个城市都有每个城市的历史渊源和文化特色，包括历史人物、典故、传说、特色建筑等，这些都是特有的，是其他地方不可复制的，是真正的软实力。要充分挖掘整理历史文化题材，传承历史，使优秀文化发扬光大。第二，要加强文物保护。我们国内许多城市，在旧城改造、小区开发中不注重保护旧有建筑，把大量古建筑都拆掉了，历史和文化遗存无处寻觅，要坚决制止这种不良现象。第三，要充分利用历史建筑。要高度重视地域文化对城市建设的导向作用，努力在传承保护中加强开发和利用。要学习借鉴德国的经验做法，把历史古建筑利用起来，在利用中保护，在保护中传承，在传承中发挥其历史文化价值。

启示六：中德生态园区规划建设中要遵循以下原则。

第一，自然生态原则。生态园区应与区域自然生态系统相结合，保持尽可能多的生态功能。对新园区的规划应充分考虑当地的生态环境容量，应最大限度地降低园区对局地景观和水文背景、区域生态系统以及对全球环境造成的影响。第二，生态效率原则。在园区布局、基础设施、建筑物构造和工业生产过程中，应贯彻清洁生产思想。具体就是，通过园区各单元的清洁生产，尽可能降低本单元的资源消耗和废物产生；通过各单元间的副产品交换，降低园区总的物耗、水耗和能耗；通过物料替代、工艺革新，减少有毒有害物质的使用。第三，综合统筹原则。把握园区建设的积极有利因素，削减各种不利的影响因素，协调企业、市场、政府和社区等各方面力量，多方参与，增加生态园区的生命力、竞争力。第四，区域发展原则。尽可能将生态园区与社区发展和地方特色经济相结合，将生态园区建设与区域生态环境综合整治相结合。要将生态园区规划纳入社会经济发展规划，并与区域环境保护规划方案相协调。第五，高科技高效益原则。大力采用现代化生态技术、节能技术、节水技术、再循环技术和信息技术，采纳国际上先进的生产过程管理和环境管理标准。第六，软硬件并重原则。硬件指具体工程项目（工业设施、基础设施、服务设施）的建设规划。软件包括园区环境管理体系的建立、信息支持系统的建设、优惠政策的制定等，是生态园区得到健康、持续发展的保障。第七，建筑风格与建筑技术相重原则。充分考虑青岛本地的建筑风格与德国建筑风格的有机结合，建筑设计中多采用新材料、新技术，体现绿色生态建筑特色。

注重全过程控制，建设国际一流的生态示范园区

青岛海西城市投资有限公司　丰彦

根据中德两国政府相关备忘录以及国家、省市关于合作建设青岛中德生态园的工作安排，确定在我区选址规划建设中德生态园。目标定位以发展海洋经济和实施海洋生态保护为重点合作领域，加强与德方在生态城市改造和生态园区规划、节能环保产业、能源环境技术、节能生态示范建筑、职业教育和人才培养、投融资服务等方面合作，建成低碳生态、可持续发展的国际一流园区。

为实现这一目标，进一步加快推进中德生态园建设，更好地服务园区发展，根据工委（区委）管委（区政府）安排，中德生态园区建设专题研讨班赴德国进行了专题培训学习。

一、学习、考察交流情况

在集中学习阶段，开展了新能源开发利用、经济可持续发展、绿色技术行业协会建设、科隆地方经济促进模式和状态、北威州工业园区规划方案、生态工业园建设模式、园区热电联供技术应用、建筑节能降耗等 8 个专题培训。主要内容有：一是较为详细地介绍了德国联邦政府、地方政府、社会组织、投资者、园区开发管理机构在产业及空间规划、旧工业区改造建设、生态工业园区设置、产业园区规划建设、绿色节能项目建设、城市公共服务设施建设、城市经济发展促进（招商引资），尤其是新能源及清洁能源开发利用、节能减排、循环经济、绿色生态体系、招商引资、运营管理、公共服务等方面的产业政策、目标定位、规划设计理念、项目建设生态指标控制、灵活多样的管理模式和市场化的实现途径。二是联邦及州（区、市）政府相关的相对完善的、体系化的法律保障、政策支持、资源保护、新技术使用、人才引进培养、园区管理体制和公共服务等，使学员对德国工业园区的总体情况有了较为全面的认识。

在不莱梅、汉堡、柏林、慕尼黑、斯图加特等 5 个城市，对其生态工业园区、清洁能源利用试验区、生态产业园建设运营情况进行了现场考察交流，与汉堡经济部相关专业管理官员交流了设立生态产业新区在选址、规划、建设及运营服务各关键环节需关注的诸多因素。

通过学习交流与实地考察，结合自己的工作和专业认真思考，大家有一个共同的感受：要真正建成生态、环保和可持续发展的国际先进园区，必须注重和坚持生态、环保和可持续发展的理念作为一种习惯和基本需求，并将这种理念贯穿于园区的发展定位、规划建设和管理运营始终，体现在生产、生活的各个环节。

二、德国园区以生态环保和可持续发展的理念控制园区建设和发展的全过程

1. 生态理念体现在园区建设的目标和定位方面

德国作为发达的资本主义工业化国家，经过近 80 多年的发展，经济实力已位居欧洲第一位，外贸总额仅次于美国，位居世界第二。经济以高垄断性、外向型的工业为主要经济支柱，侧重发展汽车、钢铁、机械制造、化工、电器为主的重工业，无论是产值还是技术水平，都位居世界前列。但其除煤炭和钾盐少数矿产自给有余外，其他资源比较贫乏，属自然资源贫乏国家，由于资源匮乏的限制以及经济规模巨大，近几年经济发展速度明显放慢，虽经诸多努力，其增长幅度始终在 2% 左右。另外，德国工业现代化的快速发展，资源浪费和能源低品位消耗，使国内环境遭到严重破坏，尤其是上世纪相当长的一段时期所经历过的"能源饥渴"、"资源饥渴"，生态环境不断恶化。为德国经济高速发展做出巨大贡献的鲁尔区等大型工业区，成为植被破坏、大气污染、环境恶劣的破旧工业城区，呼吸道疾病激增；德国人引以自豪的莱茵河看不到欢快畅游的鱼儿，河里许多动植物濒临灭绝，楚歌峰岩石风化、冰雪溶化现象逐年严重。生活在相对优越环境中的德国民众，对生态环境的变坏敏感性甚高，直接影响了选民对联邦政府执政能力的评价；其次，为生态环境不断恶化付出的高成本严重影响了众多企业的产品研发和规模扩张，严峻的就业形势成为政府和整个社会面临的重大问题。为解决这一系列问题，缓解经济和社会发展压力，近几年德国联邦或州政府规划建设了一批产业或工业园区，引进或建设符合现行生态环保要求的、可持续发展的新产业、新项目，促进原有产业结构转型和已有企业升级，以改善城市生态环境，拉动区域经济发展，增加就业岗位。

2. 生态理念体现在选址和空间规划方面

一是园区选址交通便利，德国建有完善的交通网络，以高速公路为骨干的公路网、近 5 万千米的铁路里程，年输客 500 万以上的大机场就有 8 个，还有汉堡、不莱梅等五大海港，莱茵河也是举世闻名的黄金水道。地处欧洲中心的优越地理位置和体系化的交通网络，为生态园区建设提供了基本保障。二是园区选址多靠近工业基础、经济发展基础比较好的大中城市附近，或城市群的结合部，其可利用的支撑性资源具有显著优势。三是德国作为联邦制国家的体制特点决定了其建设的工业园区规模较小。例如，2010 年开建的下萨克森州的不莱梅 Ecopark 工业园，在德国已经属于较大的、跨地区的工业园区，面积 3 平方千米，园区内部规划非常注重合理布局和交通区划的优化，有效降低了入园企业成本，注重容积率、绿地率、建筑高度、空间布局等指标的科学合理性。四是园区规模较小，减少了耕地占用量，降低了对环境的破坏程度，有利于区域环境指标的平衡和控制。

3. 生态理念体现在产业规划方面

一是园区因地因时制宜，各园区根据当地法律法规、产业优势和政府要求，严

格按照生态环保的理念编制产业规划，编制《园区绿色生态项目手册》。内容多以列举的方式，详尽而充分，包括产业分类（鼓励类、推荐类、限制类、禁止类等）、分级、园区产业功能区划分、产业产能与周边区域产业协作关系密切度指标、产业规划建设指标、产业生产工艺及运行控制参数、能耗指标、废物产出指标、废物处理指标等。二是入园项目从入园到规划建设，再到投入运行（营），全过程严格控制。如汉堡园区重点发展港口物流贸易、航天航空、食品、IT等，同时还发展城市房地产开发及投融资产业；斯图加特工业园产业定位为电信、IT、新能源、航空航天等，不允许居住、零售、娱乐类项目入区。注重园区内项目之间、项目与公共服务设施之间、园区与周边原有城市、工业园区之间的配套协作关系。通过产业规划控制总体生态指标，对每个项目具体数据的分解控制，最大程度实现节约资源、降低能耗、保护生态的目的，以生态环保的项目个体组成一个高标准的生态环保园区。

4. 生态理念体现在法律保障方面

德国在环保、资源、排放，尤其是生态控制等领域，法律法规和控制指标繁多、复杂、具体而详尽，基本形成了较为健全的法律体系，尤其近几届政府加大了资源、环保、生态领域的立法和监管，联邦政府的生态控制体系必须保证满足欧盟的指标体系，默克尔政府向德国民众承诺弃核以后，新兴能源利用和节能减排、生态保护措施力度不断加大，碳税、再生材料利用、排废处罚力度、太阳能的新能源利用补贴也不断加大，大家都明白生态环保生产生活的益处，不注重生态环保行为的违法成本日渐增加，这些都成为建设和推广生态园区建设强有力的法律保障。

5. 生态理念体现在项目设计和建设方面

园区建筑物从设计阶段就着手生态环保指标控制，设计方案的优化选择不仅直接影响甚至可以直接确定建筑物在未来长期运行过程中能否实现生态环保和节能，园区生态指标的控制靠单体建筑的绿色指标来实现。德国建筑理性审美理念与生态环保的理念有着极高的契合度，并以其造型、材料、工艺、运行方式很好地体现出绿色、生态、环保的建筑理念和风格；建筑节能技术应用广泛，如双层中空玻璃、墙体保温、节能电器、自然采光、再生材料利用等；建筑物造型简洁、实用，普遍利用新材料、新工艺；推广风能、太阳能、沼气发电等新能源和清洁能源。

6. 生态理念体现在运营机制灵活高效方面

园区采用政府指导、银企合作、市场化运营的方式，管理机构精简高效，管理规范，服务专业。Ecopark生态工业园有专职管理人员两名，园区公共服务委托专业化服务公司；斯图加特工程园则提倡园区服务村庄化，让园区人享受工作。良好的经济基础和优美的生态环境，使金融保险、商业外贸、博览旅游、新闻出版和各种咨询业都非常发达；发达的服务业和顺畅的融资渠道，提高了园区建设和运营效率，优化了产业结构，在合作中实现了共赢。

7. 生态理念体现在产学研紧密结合方面

德国拥有完善的教育体系，早以普及的九年义务教育和备受推崇的双元制职业教育成为人才培养的成功典范。全国拥有 366 所大学，多为规模较大的综合性学府。科隆大学在校大学生超过了 6 万人，为德国科研和制造业提供了适应发展需要的不同层次的人才。产学研紧密结合的发展模式，保证了德国在生态环保领域中始终处于世界领先水平，促进了经济和各项社会事业的快速发展。园区建设充分利用高校师生和科研人员等人才，以及大学实验室和科研所，企校联合，既为学生提供了实践基地，又为企业解决了许多生产经营中遇到的问题，更重要的是为园区培养和储备了优秀的管理人员和高技术工人，成为园区生态环保指标得以保证的最基础、最关键的因素。

8. 生态理念体现在园区运行全过程

联邦、州市和园区在生态环保、可持续发展方面的法律法规健全，保证企业在运营过程中，不敢越雷池一步，否则，将会受到法律、经济、行业协会等多重处罚。同时，管理人员以及较高素质的产业工人自觉的环保意识，保障了园区整体高效率的运行。

由于园区规划和设计环节充分贯彻生态环保的理念，许多生态环保的新技术、新工艺、新材料得到广泛推广使用，光伏电池、热泵技术（慕尼黑水蓄热小区太阳能热电联供技术，已做到实质性的运行）、热电联供、雨水收集和水处理循环利用普遍应用；在生产环节，降低产业能耗，降低废物产出的措施到位。

三、分析比较中德园区建设及发展环境，德为中用，为青岛园区建设提供借鉴

为学习德国园区建设的先进理念和经验，就需要深入分析青岛中德生态园与德国先进园区建设的全过程，各方面所存在的异同之处，取长补短，扬长避短，提高建设效率，降低建设成本，建成高端生态园区。

（1）纵观德国园区建设发展的现状，倡导生态环保的建设发展理念，既是国际及地区经济发展的需要，也与所处地理位置和地区文化有着很强的契合度。一是自然条件方面。德国地处欧洲中部，人口密度小，1/3 的土地被森林覆盖，整个国家就是一个大的生态园，生态环境基础好，地势由南向北逐渐低平，园区建设的基本投入相对（园区所在地经济发展水平）较低。二是纬度较高（其地理位置大约在北纬 47～55 度，大体相当于我国黑龙江省），但由于受墨西哥湾暖流的影响，冬无严寒、夏无酷暑，很多地区与青岛有相似之处，既有利于建筑节能水平的提高，又有利于新能源、新工艺的应用，风能、太阳能应用广泛。三是年降水量大于青岛，约有 600～1500 毫米，且空间和时间上雨量分布较青岛均匀，极少出现暴雨和连绵阴雨的情况。在德国许多工业园区，水能发电、雨水收集循环利用、提水蓄能、平衡供电峰谷等环保技术得到充分应用，通过有序开发和利用自然资源，最大限度地修复或保护了生态平衡。四是自然资源利用因地制宜，农、牧、林业并重。大片

的牧场和森林给人们提供了大量的水、木材等资源，同时也为园区建设发展和项目生产、生活，提供了良好的自然环境和宜居条件。五是人文环境方面。德国政府部门、社会机构乃至每个德国人都具有自觉提倡和践行生态环保的理念、公共认同的绿色生态意识、自觉的节能环保行为、自律意识极强的社会运行机制、居安思危的创新意识、做事规范和又好又快的工作作风。简洁实用的城市建筑和景观，功能完善、运行方便的市政设施，机械制造、生产生活产品均体现出专业求真、技术求精、产品求工的精神和德国人理性的审美意识。最终实实在在地给社会贡献出来的东西，就是节约资源、节能降耗这一生态效果，所有这些都是真正做到建设生态环保型社会的基础和保证。经过几届政府和德国民众的共同努力，园区生态建设颇见成效，从园区定位、规划建设到运营管理各方面、各环节，德国在生态城市建设改造、生态园区规划、节能环保产业发展、能源环境技术创新、生态节能建筑技术规范、职业教育和人才培训适应市场需求、投融资服务等领域具有先进理念和深厚积淀。

（2）中德两国在生态园区建设中，理念定位、园区体制、运作机制、法规体系、技术规范、投融资渠道等诸多方面存在差异。例如，Ecopark 工业园提出园区的四要素：一是基本的功能要齐全（土地价格合理、交通便捷性、基础配套到位）；二是伦理上的东西，如何与环境打交道，是否满足生态、低碳、环保，这点有些园区是做不到的；三是能否提供对人的感觉上起作用的东西，例如安全感、好的环境；四是文化方面的因素，例如，园区建设及入驻项目要满足建筑物特色、水环境、生态设计、城乡绿化等环境要求。

（3）通过听课、交流和观察，认识和体会到我们规划建设中德生态园区，在许多方面较德国区域性工业（产业）园区建设，具有很强的比较优势和后发优势。

首先，中德生态园选址在首批东部沿海开放城市——青岛，具有较好的开放理念和意识，文化包容性强，经济基础、城市文化环境和自然条件在中国中等以上城市中相对优势明显。经济与社会事业基础好、发展快，2011 年度青岛开发区生产总值 1150 亿元，工业总产值 3500 亿元，投资环境综合评价总指数连续 8 年居国家级开发区前五位，有国家级经济技术开发区、保税港区、出口加工区、高新技术产业区；港口年吞吐量 3.9 亿吨，2011 年黄岛口岸进出口货值达到 1400 亿美元，世界五百强入区企业 67 家；距离国际空港 40 分钟车程，铁路、高速公路等交通便捷。新批建的西海岸经济新区规划面积 2096 平方千米，产业配置合理，园区互补性极强，发展空间广阔，政策导向优势明显；青岛具有良好的工业基础，家电、船舶、机械制造、旅游、商贸、金融、文化产业发达，拥有省部级以上科研机构 44 家，历来以红瓦、绿树、碧海、青山著称，宜业宜居。

园区开发伊始，政府对土地征用、选址、执行统一规范指标，空间规划建设、产业规划调整、入园项目选择、后期统一运营管理，可进行全过程协调和控制，尤其是对产业园区与国家产业结构的调整及与周边地区产业关联的协调，这是德国产业园区建设中无法做到的。在交流过程中北威州环保和技术保护部官员一再推崇的、认为成效远优于他们的"荷兰模式"（政府主动参与，协调征地建设），对于我们来说借鉴操作没有任何法律障碍，而且完全有条件比他们做得更好，这是我们体制的巨大优势。

其次，他山之石可以攻玉，充分借鉴德国以及其他国家生态园区建设的先进经验，高起点规划、高标准控制、高水平建设、高质量服务、高效率运营，充分发挥后发优势，集聚优质资源，实施高端突破，一定能够实现弯道超越。

再次，中德生态园选址建设正值国家经济转方式、调结构的关键时期，是中德两国全新的合作项目，是上升为国家战略的山东半岛蓝色经济区的重点项目之一，青岛市人民政府在《青岛中德生态园建设实施方案》中提出，中德生态园将力争通过10年的努力，建设成为欧亚合作的典范园区、山东半岛蓝色经济区国际合作先行区和低碳生态、可持续发展的国际一流园区。该园区相对于德国工业园区建设，规模更大（规划面积70平方千米，一期规划10平方千米）、功能区划更清晰、更完备，必将形成机制灵活、人才汇集、信息畅通、资金集聚、生态宜居的良好投资氛围，预示着青岛中德生态园区美好的发展前景。

生态绿色是未来经济发展的主导方向，也是实现经济转型发展的重要动力要素。在新能源技术、生态建设、环保、人才培养等方面具有深厚积淀和经验的德国，将为园区的建设与发展提供有力的支持与保障，青岛开发区也必将借此契机，借鉴德国生态园区先进的开发建设理念和经验，在园区建设方面闯出一片新天地。由此，在山东半岛蓝色经济区建设方面实现更大作为，并为其他区域的生态园区建设发展提供参考和借鉴。

四、培训收获和启发

通过20天的学习和考察，在充分探讨和交流的基础上，我总结了以下几点收获和启发：

（1）为充分学习和借鉴德国等先进生态园区建设的经验，建议采取多形式、多渠道、灵活多样的方式进一步加强与德国及其他欧洲国家先进生态园区的合作，学习国内外先进园区在生态环保建设和管理方面的成功管理体制、高效运行机制、先进服务理念。有的放矢，要真学、真会、真用，取长补短，真正领会园区在建设过程中如何把握和控制生态环保指标，学以致用。

（2）借鉴德国先进的管理理念，高定位，科学谋划，抢抓园区纳入国家战略重点项目的契机，充分发挥政府调控能力，将生态环保的先进理念融入园区各项工作中，采取政府主导、市场化运营的模式，创新管理机制，依托开发区已有的较为完善的产业和服务配套条件，在园区内设立精简高效的服务机构，通过良好的环境、优质的服务、科学的产业机构吸引人才和项目入区。

（3）借鉴德国生态园区开发建设的先进经验，在园区规划建设的过程中，认真做好园区的生态控制规划，完善生态控制体系，细化生态指标，并将生态目标贯穿园区空间建设规划和产业发展规划的始终，贯彻到项目建设、生产和管理的全过程。

（4）做好生态指标控制下的产业规划，按照国家战略山东半岛蓝色经济区规划，深入实施"环湾保护、拥湾发展"战略，促进区域产业结构升级，按照建设高端生态示范区、技术创新先导区、高端产业集聚区、和谐宜居新城区的目标，充分考量，比较优势，科学合理地选择产业结构和项目名录，实行严格的项目入区产业指导政策，不符合产业规划的，坚决不能入园。

借鉴国际惯例，充分发挥政府主导的积极作用，制订和发布园区规划建设和运营管理"白皮书"，以"绿皮书"导引，以"红皮书"规范和控制，真正做到有章可循，注重全过程控制。

（5）注重闭合产业链结构，注重知识产权保护，发挥驻区高校和科研院所的人才和科研优势，产、学、研密切结合，相益相长，共同发展。加大生态环保产业科研投入，确保园区在生态环保领域始终保持理念、技术水平、产业结构等方面的先进性。鼓励绿色、生态、环保企业入园，创造和发挥"绿色硅谷"、"信息谷"集聚和放散效应，明确产业导向和入园项目生态目标控制标准。建立产业咨询和行业风险评估机制，制订园区发展"蓝皮书"，严格做到项目立项、方案及流程设计、厂区建设、生产和管理全过程的生态指标控制。节能减排，降低能耗，提高能源使用效率，鼓励和推广使用清洁能源和可再生能源，减少废物排放，扶持循环经济，安全处理废弃物，做好事前和事中监管、事后检测奖惩。

（6）高起点做好园区建设规划，集约利用土地，优先规划公共服务设施，优化园区交通，制订建筑物及设施建设的节能和生态环保标准并贯彻实施，推广新技术、新材料、新工艺，推广新能源、循环经济，推广雨水收集利用、绿化滴灌、风能、太阳能示范利用、热冷水三联供、多介质热泵技术、中水回用、垃圾分类及无害化处理等示范项目，以绿色生态项目集聚保障和实现园区建设运营的生态环保和可持续发展目标。

德国中德生态园区建设专题培训思考

黄岛区环保分局　　王云龙

根据工委管委的工作安排，2011年11月21日至12月9日，我参加了由工委组织部组织的赴德国生态园区建设专题研讨班。通过培训学习、实景考察和沟通交流，我收获颇丰，进一步开阔了视野，提升了自己在生态建设、环境保护等方面的业务水平。

一、学习见闻

德国地处欧洲中部，面积35.7万平方千米，自然条件优越，处于大西洋和东部大陆性气候之间的凉爽的西风带，降水分布均匀，表现为平稳温和的气候总体特征。森林资源丰富，覆盖率达30%以上，经济发展程度高，城市化率超过95%，基本实现了城乡一体化，成为世界城市化水平最高的国家之一。德国之行所见所闻收获很多，启发也很多：

（1）碧水蓝天的生态环境。虽然已是冬季，一路走来高速公路两侧依然时常呈现出明信片上常有的景致，看到的是各具特色的美景。在柏林、汉堡等国际知名的都会，环境尤为整洁，处处可以感受到人与自然的和谐。我们所经过的公路沿线，都是一片片树林和草地，树木茂密，碧草似毯，没有一块裸露的土地。大小城镇和村庄除了各式建筑就是公园、草地、树林和原野，参天大树和百年老树随处可见。城市里遍布大小不一的公园。不少城市涉水公园里随处可见野生天鹅、水鸭等在湖中悠闲戏水，它们丝毫不介意岸边嬉戏的游人，展示出自己才是公园主人的气度。德国的河流、湖泊众多。大部分城市都有河流穿过，保洁措施很到位，时值冬季河水清澈见底，没有发现枯叶等杂物影响景观，河边树草灌木保持着原始生态。闻名世界的莱茵河和多瑙河等流经德国境内，使得位于欧洲心脏的德国成为多姿多彩、引人入胜的休闲旅游胜地。

（2）无处不在的环境保护。德国是环保起步早、投入大的国家之一。德国政府、社会各界都非常注重污染治理，德国工业化快速发展的时期，环境污染非常严重。20世纪50年代，位于莱茵河流域的鲁尔工业区，凭借其丰富的煤炭资源开始迅猛发展，无数矿山、能源、化工和钢铁企业如雨后春笋般涌现，大量的工业垃圾和生活污水使莱茵河遭受严重污染。到20世纪70年代，莱茵河已经不堪重负，河流中的鱼和其他水生动物大量死亡。德国政府痛定思痛，下大力气着手实施严格污染治理和产业转型战略，关闭污染严重的企业，在企业原址上进行土地修复和产业转型，建起了科研基地、新型产业基地、住宅区和休闲娱乐区，大量栽树种草。经过全面的整体改造，今日的鲁尔区已成为一个人类宜居和高校、高新产业园区集中之地。

环保理念深入到日常生活的各个角落，体现于无处不在的节能减排上，德国很早就把节约能源作为其能源战略的重要组成部分，颁布了许多法律法规并采取多种措施鼓励民众节能，调动个人和企业节能的积极性。德国城市一方面不再保证小汽车通行优先权，另一方面还鼓励自行车出行的方式，我们在参观慕尼黑市一处利用太阳能进行集中供热设施试点小区时，接待我们的该市卫生与环保局局长就是一个人骑自行车十多千米从家里赶到现场的。生活垃圾源头分类到位，收集点都摆放几个不同颜色的垃圾筒，用于分装不同类别的垃圾。注重对水环境的保护，规定雨水不得马上随管道流走，而是收集并保留下来，用于冲下水道或浇花草使用，其余的尽量渗入地下。德国的广场、停车位不用水泥硬化，而是用天然小石块铺设，既耐用又方便降水的渗透。草地地面高低不平，设置低洼凹槽和池塘，用于雨水的收集和渗漏。很多道路绿化带低于路面，便于雨水自然浇灌，既节省人工又节约水资源，一举多得。

（3）科学严谨的规划机制。①德国是一个高度重视规划的国家。从政府到普通国民，做任何事情都非常严谨认真，非常重视事前的谋划，方案执行中坚持一丝不苟，城市建筑不仅有历史传承，而且质量过硬，百年建筑比比皆是。德国的城市规划几乎覆盖了全国每一寸土地。②规划职责明确。德国实行的是联邦——州——地方政府三级规划。联邦政府只做规划政策的引导和法律的颁行、修订，是原则性、指导性的，规划的核心理念是完善区域功能、促进均衡发展、强化生态保护。州和地方政府在这三条原则的前提下，遵照相关法律和各自职责，从实际出发制定城市建设规划的总规、控规和详规。越是下一级的规划，越是具有操作性和约束力。规划都具有前瞻性，以解决预见性问题为出发点，至少要考虑50年以上，真正是一朝建设，百年受益。以科隆市为例，街道两侧的建筑风格因时代不同而差异较大，但整体上协调、细节处理精美，表现了建筑历史丰富和多元文化共存的特色。

（4）便捷完善的公共设施。德国的城市基础设施完善，体现出以人为本的人文关怀。作为高度发达的国家，德国的城市基础设施非常完善，运行非常流畅，从各种设施的表面来看，已经使用了很长时间，显示出过硬的建设和产品品质，建设时执行的标准要求高，实现了事半功倍的效果。德国城市在文化、教育、体育、卫生、生活休闲等公共设施方面比较完善，都具有规模不同、档次不等的图书馆、艺术馆、歌剧院、体育馆等，可以说是城乡一体化配套。德国的交通形成了由空港、高速、铁路、轻轨、汽车道、自行车道、人行道等构成的快速便捷的立体交通网络。高速公路总长度超过1.2万千米，是欧洲国家中高速公路密度最大的国家。城市内每隔200～400米就有路网，很少有断头路、丁字路，大都是循环路，四通八达，方便快捷，人们在工作、生活和外出交通上不会花费太多的时间和费用。德国城市公共设施的设计和建造尽显人性化，例如，交叉路口的人行道边缘与路面平齐，而在十字路口造小坡迫使汽车减速。

（5）文明有序的社会环境。城市是人群高度聚集的场所，城市因人而建、为人所建。德国的市民普遍素质较高，遵纪守法。从我们 20 天的所见所闻，能充分感受到德国文明有序的社会环境、稳健成熟的社会氛围。另外，德国人守法守规意识强，社会的诚信体系完善；德国的公交、地铁自动售票、没人值守；没有交通警察，不管是白天晚上、城市乡村，红灯亮时，行人肯定驻足等待；没有强行超车鸣笛的，如有行人要横穿马路，司机便会减速或停车以让行人先行通过，这些都反映了德国国民较高的现代文明素养。

二、几点体会

（1）实用主义突出：初到德国首先接触到的是法兰克福国际机场，不到清晨 6 时，边检、海关等各个环节的窗口就已紧张有序地运行起来，虽然没有想象中欧洲大陆航空枢纽的豪华，但处处体现出一种以合理实用为主的特点，效率很高。在培训过程中，从入驻的宾馆、培训教室到参观的园区、企业车间等无不体现出实用主义色彩，既有档次又非常内敛，不追求华而不实的东西，洗手间里的擦手纸是灰色的，既卫生又柔软，虽没有经过漂白，但也为再处理省去了步骤。

（2）计划严密：整个行程中没有迎送礼节，前期筹划周密，各个环节能很好地衔接并留有适当变通的余地，体现了成熟的组织协调能力。我们培训结束时，培训单位派一名办事人员从科隆乘车到法兰克福颁发培训证书，就在我们就餐的一个小中餐馆里简单地颁发了证书，并征求了对培训工作的建议意见，并没有组织专门的仪式。

（3）行动坚决有力：在培训过程中，老师更多的是介绍如何开展前期构思、论证、创新、整体性协调等内容，即强调以专业咨询顾问服务为主，而不太强调具体执行过程中的细节，这也从一个侧面反映出德国各个行业的执行力是信得过的，只要有好的方案就会有专业人士来高质量地完成，体现出了德国成熟发达的制造实力。

（4）注重集成与细节：在培训学习中，除了体会到德国方面在把握高新技术发展趋势的强劲势头外，还在很多地方体现了其注重系统集成和关注细节完善的特质。

（5）灵活发达的人才培养机制：尊重产业需要和个人意愿的双向选择，学生中学毕业后既可以到普通高校学习，也可以接受 3 年左右的职业培训，职业培训结束后，除直接进入职场外，还像普通高中的学生一样可以选择到高校进行深造，双元制的职业教育体系使其高端人才资源和常规劳动力素质得到了全面保证。德国产业工人素质世界驰名，在当前欧洲大陆经济不振的形势下，斯图加特的失业率接近于零，令人吃惊。德国以发达的制造业为基础，应用研发、设计和咨询等现代服务业也全面开花，持续打造出了一个经济发展的高地。

三、几点启示

在实地考察中，我们感受到了德国各类硬件设施的发达与完善，特别是他们在软实力方面的表现。德国这种软实力的强大，不仅帮助其在较短时间内从战争创伤中恢复过来，而且很快使其重新回到世界强国之列。我国经过改革开放以来 30 多年的发展，积累了较为雄厚的物质基础，要实现既定的发展目标，应该在软实力方面尽快进行提升，使之与硬件相适应，实现又好又快的发展。

（1）学习世界眼光，大局观要强，在细部处理上更要精雕细琢。前期周密计划，加强合理性科学论证，以增加工作实施的针对性，充分发挥专业咨询作用、注重各方利益均衡、实现科学决策，在构思阶段不追求高、大、全，而是实用、好用、耐用，追求办事效率、工作效果与社会效益三者最佳结合点，做到少投入、多产出、好产出。在产业发展方面以更多的隐形世界冠军巩固提升区域的整体实力。用自己的特色和实力赢得自己的世界地位。

（2）执行力上要讲国际标准。目前我区机关已经分别整体通过了 ISO14001 环境管理体系和 ISO9001 质量管理体系认证，具备了一定的形式要件，与先进水平对比，还需在方针政策方面将先进标准与落实科学发展观要求实现有机统一；确定目标时，充分考虑区域的各项条件，科学设定阶段发展目标；分配指标时，从系统集成的角度出发，将不同口径的资源统筹共享，减少重复投入；执行过程中严格高品质管理，将目标指标真正落实好，避免折腾；绩效审核要强调可验证性，确保设定的任务不走样地完成，并关注短期与长期任务综合协调，以达到事半功倍的效果。众所周知要实现社会的持续有效管理，维持一个高水准比突击完成一个任务困难很多，这更需要我们注意自觉使用、熟练应用 ISO14001 环境管理体系和 ISO9001 质量管理体系，提升综合管理方面的科技水平。

（3）发挥好区域的本土优势。经过几代建设者连续不懈的努力奋斗，我区已经具备了较为完整的工业结构，有了一定的经济基础，城市功能日趋完善，具有了高效的政府管理体系，较先进的人才培养与储备机制等好的基础条件，这些都为区域经济社会的再上层次提供了有利条件。学习了先进国家的经验后，将进一步激发我们迎头赶超的信心，以中德生态园的建设为突破口，在吸引投资者和人才两个方面都树立优秀标杆，示范带动周边区域进行优质发展。

（4）对中德生态园建设过程中生态建设和环境保护的几点建议：

一要坚持自然生态保护与改善，既然是建设生态工业园区，就要首先坚持生态第一的原则，区域生态不仅是园区发展的条件，更是园区举足轻重的优质资产，需要考虑实现生态类资产的保值增值，生态园区应与区域自然生态系统相结合，保持尽可能多的原生态功能，建设过程中追求经济增长指标与生态保持改善指标的统一，实现双赢。

二要讲究生态效率，对新园区的规划应充分考虑当地的生态环境容量，应最大限度地降低园区对局地景观和水文背景、区域生态系统的影响。在各个环节贯彻可持续发展的原则：基础设施、交通和建筑物构造过程中，加强单位投入能源消耗的控制，对各个耗能需求进行合理性认证，以减少能源的使用，从而提升生态效率；在工业生产中应贯彻低碳经济、循环经济和清洁生产思想。由每个园区组成的单元进行清洁生产，尽可能降低本单元的资源消耗和废物产生；积极搭建平台促进各单元间的物质与能量交换传递，降低园区的物耗、水耗和能耗。

三要建立领先的园区综合标准体系，参照对接德方已有的园区建设标准，从经济、社会、科研、工业、人文和生态环境等方面全面考虑，提出接近并略高于他们的园区综合标准，在顺利对接的基础上，保持良好的发展势头，这个标准既是园区自己发展过程中的指导标准，又是影响周边区域发展的导向标。在学习德国生态园区的优点时，不但在形式上相似，而且内涵方面更要相似，做到形似神更似。

四要坚持综合统筹，不仅要把握园区建设的积极有利因素，削减各种不利的影响因素，协调企业、市场、政府和社区等各方面力量，多方参与，增加生态园区的生命力、竞争力；还要与区域发展相协调，尽可能将生态园区与社区发展和地方特色经济相结合，要将生态园区规划纳入社会经济发展规划，并与区域环境保护规划方案相协调。

五要坚持发展和利用高新技术，园区建设过程中要大力采用现代化生态技术、节能技术、节水技术、再循环技术和信息技术，在使用过程中要坚持严格论证、实用为主，既坚持利用好现有的成熟技术，更要着眼于科技创新，培育未来发展的方向和实力。

行胜于言！中德生态工业园建设的宏伟目标已经确立，我们应齐心协力努力建设好这个园区，在科学规划、超前规划的基础上，把各项指标匹配好，努力提高自己的执行力，高水准地完成好各个阶段的每一项任务，把园区建设持续扎实地推入更高层次。

对德国生态产业园区的认识及浅谈

西海岸出口加工区管理局　高晓波

20 天的德国之行，我参加了 8 个专题的集中培训，实地考察了位于奥尔登堡市的 Ecopark 生态工业园、汉堡生态产业园、柏林工商会的职业培训、慕尼黑太阳能供暖中心、斯图加特工程园。此次行程安排紧凑，学习内容丰富。学习、考察的过程中，通过了解德国在生态工业园区建设方面的做法、经验，我对我区如何规划建设好中德生态园，特别是对如何做好产业选择、加快项目引进也做了一些思考。

一、德国在建设生态园区方面的做法和特点

（一）强制推广生态节能建筑

德国最新建筑保温节能技术规范的核心思想，是从控制单项建筑维护结构（如外墙、外窗、屋顶）的最低保温隔热指标，转化为对建筑物真正的能量消耗量的控制，达到严格有效的能耗控制。为了减少建筑能耗，德国的最新建筑保温节能技术规范规定：新建建筑必须出具采暖需要能量和建筑能耗核心值，建筑必须出具建筑热损失计算，特别是建筑外围机构热损失量计算以证明建筑每年所需的能量。分项列出所需电能、燃油、燃气、燃煤数量，制成建筑能耗计算表。达不到标准，得不到建筑批准。因此，消费者在购买或租赁房屋时，建筑开发商必须出具一份"能耗证明"，告诉消费者房屋每年的能耗，主要包括供暖、通风和热水供应。这种做法得益于 2002 年 2 月生效的德国《能源节约法》。按照新法规，新建筑的允许能耗要比 2002 年前的能耗水平下降 30% 左右。而早在 1978 年，德国就修改过一次建筑节能标准，使得其后建设的建筑能耗比老建筑减少 60% 以上。

德国的百年以上建筑随处可见，也不乏数百年以上的著名建筑，所有建筑物的墙体、门窗都非常厚重，给人以高质量的感觉，保温性能自然要胜一筹。在参观 Ecopark 生态工业园和斯图加特工程园时，我们都看到了生态节能建筑的应用：不仅仅是往墙上贴保温层，而是设立了玻璃幕墙的过渡空间，里层玻璃幕墙的外面又做了一层玻璃幕墙，同时智能化控制开窗通风，可有效保持室内温度。在注重墙体保温的同时，更注意门窗的保温，参观的所有建筑都做到了这点，窗的做工用料扎实，密封性非常好。德国新的房屋建筑规范要求新建筑必须使用三层玻璃窗。在高层建筑中使用了百叶窗，既能有效通风，又能保证安全。在 Ecopark 的接待中心地下室，我们也看到了建筑物内所用的一些热电的设施，而且设施上还有详细的电子显示介绍，包括内部的热、电供应和循环系统。这些细节都充分体现了德国民众对绿色建筑、节能建筑的责任感。

我们的新建筑，有时过分强调追求豪华，注重表面包装，这种倾向过多地耗费

了宝贵的资源和能源，并加大了环境污染。因此，在环保节能建筑方面，感到技术不是最主要的，理念才是关键，通过建筑设计、规划设计本身来产生价值，而不单是通过设备、技术和材料来解决，这样也可有效地降低建筑成本。

（二）环保法制建设和措施到位

德国对环境污染治理最早且成绩十分显著。在德国期间，所到之处，空气清新，河水清澈，森林茂盛，草地青青，对水与空气的污染控制及消除成效明显。德国政府从20世纪70年代就开始着手进行环境立法工作，逐步形成了一整套环境保护系统，把环境保护法规进一步扩大到经济和生活各领域。目前德国大约有8000部联邦和各州的环境法律法规，除此之外欧盟还有400个法规，政府部门约有50万人在管理环保法律法规。

德国有一个由政府机构、民间组织和学校组成的庞大环保教育网络，他们向民众做环保知识介绍，向企业推广环保技术，向社会宣传新的环保立法。德国政府采取了多种手段加强环境保护，包括政府补偿与资助措施、税收手段、排污交易权手段。排污交易权是指国家管理部门制定一个总的排污量上限，根据排污量上限发放排污许可，这里的排污上限不是指某一个别企业而是针对所有企业。排污权可以利用经济手段在企业间转移。这些措施也是值得我们借鉴的。

（三）加大新能源的开发和利用

在德国出行，随处可见风力发电、太阳能装置。早在2000年4月德国就通过了《可再生能源法》，从此改变了德国的能源结构版图。之后德国政府又相继出台了生物燃料、地热能等有关可再生能源发展的联邦法规，为可再生能源的发展奠定了基础。在过去10年里，德国能源消费结构已经发生了重大变化，绿色电力流行了起来，汽车开始使用生物燃料，许多企业和住户采用地热资源取暖和制冷。虽然煤炭、核能、油气目前是主要能源，但可再生能源所占份额在不断上升。高额的政府补贴带动了风力涡轮机和太阳能电池板需求的增长。从20世纪90年代开始，德国出台的可再生能源法从法律上保证了每度绿色电力都能进入电网，而且并网后能够获得令人满意的电价回报。因此，德国可再生能源发电的比例从20世纪90年代的5%迅速增加到现在的17%。在过去10多年中，德国无论在风能、太阳能、生物能还是地热等领域，都取得了令人瞩目的科研成果，许多成果都成功地从概念设计转化为商品开发。德国有不少城市颁布条例或出台鼓励政策，要求所有屋顶或供热改造都必须安装太阳能装置。沼气发电技术已经成熟，在Ecopark我们参观了一个专门制造沼气发电设备的企业，该企业生产的以集装箱作为单元模块的沼气发电设备已经得到较为普遍的应用。

2011年6月30日，德国议会通过了放弃核能的法案，同时又通过了扩大发展再生能源、提高能源使用效率等8个法案。德国总理默克尔将这个庞大的能源转型计划的重要性与德国战后实行社会市场经济以及20世纪80年代末实现两德统一相提并论。能源转型计划提出的目标是：逐步全面放弃核电，到 2020 年实现可再生能源在能源消费中的比例占到 35%，到 2030 年达到 50%，2040 年达到 65%，2050 年则超过 80%。目前，德国的电力需要峰值高达 8200 万千瓦，其中一半靠煤，23% 靠核能，10% 靠天然气，17% 靠可再生能源，这意味着德国要在短短几十年内通过绿色技术替代 3/4 的传统能源。

（四）注重储能技术的研发和投入

由于风和太阳能的不稳定性，新能源电力的间歇性问题比较突出，必须有一个崭新的电网和路径来存储绿色电力。德国加强了输电网络技术的创新和智能电网的建设，以整合完全不同来源的电力，进行低损耗能源传输和存储。例如，提出了"以电力生产决定消耗"的办法，通过计算机网络控制，没有必要在特定时间使用的设备就可以选择在更有利的时间使用电力，配套以现代化、智能化的网络和适当的电费激励措施。德国政府还加强了对新的能量存储技术的研究，例如，抽水储能、压缩空气存储、氢存储、用甲烷生产氢气和电动汽车电池等等。

我们参观的慕尼黑市太阳能中心就是比较典型的一家新型太阳能储能中心。该能源中心研发并利用太阳能，在冬季为居民小区供热，建有 1500 平方米的太阳能板，一个 6000 立方米的保温储水罐，为 320 户居民，约 28500 平方米的面积供热（建筑面积 30500 平方米）。通过春、夏、秋 3 个季节的太阳能热水器加热，保温储水罐中水的温度可达 90 度以上，通过热交换中心并利用了热泵等技术为小区供热。受太阳能板面积和储水罐容量所限，每年从 10 月份至来年 4 月份的供温季中，该储水罐中的热水可供应到 1 月份。其余供热期的供热则以传统集中供热方式解决。新型供热中心与传统供热是一体化运行。该系统投资 500 万欧元，其中巴伐利亚州政府投入 200 万，联邦政府投入 150 万，其余 150 万为慕尼黑市能源公司自行解决。

（五）重视减少温室气体排放

德国充分运用环境法律和环境政策的合力来控制温室气体排放，适应和保护气候变化，承诺到 2050 年温室气体排放减低 80% ～ 95%。在立法层面，有以《温室气体排放许可证交易法》为主，包括《温室气体排放的国家分配法》、《项目机制法》等在内的温室气体排放规制法律体系，不仅是欧盟指令的国内法转化，也成为德国温室气体排放许可证交易法律实施的重要依据。在这些法律中，其规则体系体现了定性与定量结合的立法思路，具有很强的实践性。在行政管理中，依法设立并明确排放许可证交易的主管机关和管理体系，并对其法律职责予以清晰界定，为依法行政提供了明确指引，强化了行政主管的社会服务功能，为各方利益群体提供参与服务和支持。该部门将环保、节能、生态理念贯穿在行政办公中。通过温室气体在线服务和监测，提高了社会公众参与温室气体排放控制的可能性和积极性，也是环境信息公开原则的具体实践，可促进减排的社会行动并增强减排的实际效果。

在参观慕尼黑太阳能供热中心时，负责介绍情况的慕尼黑市卫生与环保局局长介绍说，该系统最大的好处是利用太阳能技术供热，减少了传统供热中二氧化碳的排放。中心在小区专门设有公示板，上面明确显示了该中心通过新型供热方式相比传统供热方式减少了多少吨二氧化碳的排放。各种情况表明，减少二氧化碳等温室气体排放，保护全球生态环境，在德国已经成为老百姓的普遍共识。

（六）循环利用废弃物成效明显

德国拥有先进的废弃物分类和回收技术。目前，德国对废弃物总量的65%实行了再利用，每年可以得到120万吨二次燃料。政府计划最迟于2020年完全取缔垃圾填埋方式，届时，生活垃圾废弃物、废旧电子电器、包装废弃物、农村生物质废弃物等所有的垃圾废弃物都必须经过物质和能量方面的预处理和重复利用。德国在无害化处理技术、资源循环利用技术、再生能源利用技术、废旧电器回收综合利用技术、生物技术、零排放技术等领域的研发应用保持着世界领先地位。

二、中德生态园的产业定位

中德生态园的建设发展要放在国家"转方式、调结构"和促进可持续发展的大背景下来考虑谋划。国务院在关于加快转变经济发展方式工作进展情况的报告中指出，在国内外环境发生深刻变化的大背景下，转变经济发展方式刻不容缓。转方式很重要的两项工作，一是推进科技创新，二是推进节能减排和生态建设。要推进产业结构优化升级，提升制造业水平，加快科技进步和自主创新，抓企业创新主体培育。

作为中德两国政府共同推进的新型生态示范园区，中德生态园要做转变发展方式、进行科技创新、促进科学发展的典范。因此，在严格执行环境标准、鼓励采用新能源、建设绿色节能建筑的同时，更要加强产业政策的研究，明确产业定位，确定招商引资的方向。目前中德生态园指标体系已经编制完成，下一步的工作就要在项目引进过程中，重视产业引导，加强产业扶持，构建节能高效、降污减排的生态产业体系。

（一）产业选择

（1）节能和新能源技术研发和应用项目。国家发改委的报告显示，我国目前人均GDP能耗是全世界平均水平的2.2倍，也就是说，我们同样的产能，要比其他国家消耗数倍的能源和资源，代价很高。因此，节能技术和设备的研发生产及推广应用就显得至关重要。欧盟国家注重新能源技术的开发，其中也有率先开发出新型能源技术从而获得相应的经济利益的考虑。

（2）环保技术和设备项目。加强对水处理、空气净化、垃圾及废弃物循环利用等技术和设备项目的引进。

（3）其他有特色的高端装备制造业。新能源汽车、海洋装备、机器人等新型高端装备制造业项目的引进。

（4）现代生产型和生活型服务业。发展职业技能培训、创意研发、国际商务服务以及特色商业等配套的生产及生活服务业。

（二）产业扶持

（1）争取国家支持。国家环保、商务部、科技部近期已经联合发布了《关于加强国家生态工业示范园区建设的指导意见》，明确了"十二五"期间建设 50 家特色鲜明、成效显著、水平先进、示范性强的国家生态园区，三部委并将在各自职能范围内，研究制定鼓励国家生态工业示范园区建设的优惠政策，对于绩效显著的园区将给予一定的政策和资金支持。中德生态园要积极争取纳入国家重点支持的生态园区建设范围。

（2）制定鼓励创新政策。中小企业在新技术创新等方面扮演着重要角色，具有灵活多样的特点，是节能环保产业发展的重要组成部分。在引进德国先进技术、管理的同时，转变理念、加强政策扶持，促进节能环保领域中小企业的持续成长。鼓励创新，建设园区内科技企业孵化器，推动园区人才引进和成果转化，注重资源的循环利用。

（3）对节能环保给予更多扶持。对利用新能源、提高建设节能标准、发展循环经济的项目，给予扶持；鼓励新能源的利用，对于利用风能、太阳能、地热等资源，给予一定补贴；探索建设公共的地热能中心，作为公共基础设施由企业有偿使用，政府给予一定补贴。

（4）加强能力建设，构建低碳发展的技术支撑体系。建立温室气体排放、统计核算和管理体系，加强低碳技术的研发、推广和人才的培养，提升低碳发展科技支撑能力，加强温室气体排放统计工作；二是利用价格杠杆，加快推进与资源节约再利用有关的价格改革。

（三）产业招商

加强对德国技术、项目的引进，抢占节能环保、生态经济产业的先机。通过德国工商会等机构，排查德国相关企业，列出名单，建立联系，推介园区和鼓励政策，实施定向招商，必要时登门招商。

通过产业引导和扶持，使中德生态园形成"以较低能耗的生产、适度消费的生活、循环利用的资源、稳定高效的经济和持续创新的技术"为特征的可持续发展综合体系，引领国家在生态环保领域的技术进步和产业发展。

先进科技和理念指导下的德国·绿色经济印象及启示

青岛市城建局　　王海建

绿色经济正在成为经济发展的努力方向，也是实现经济可持续发展和生活持续改善的重要基础，而包括如何使用能源，实现绿色经济在内的问题，也是当今社会发展面临的一项重要课题。通过工区委组织部组织的赴德国关于节能环保、新能源应用、生态工业园区规划建设管理等方面的学习和考察，加深了我对德国生态工业和新能源开发应用等有关情况的了解，提高了对生态工业园开发建设要素构成的认识，为更好地提升本职工作水平，服务我区经济建设，特别是服务中德生态园建设提供了有益帮助。

一、德国在新能源应用、环保生态方面的基本情况

德国的国家策略一贯致力于环境改善、大气保护，通过制定良好的强制性政策和工业界的技术革新、创新等手段努力降低能耗，达到减排的目的，并保持在新技术研发方面的持续发展。

在能源政策方面，德国政府扶持使用新能源，实行可持续、环保的能源政策，鼓励利用可再生能源，实现提高能效、促进能源供应现代化、资源保护性地使用能源的目标。在这种理念的指导下，德国政府积极开发使用风能、太阳能、生物能、水能、核能等新能源，以发电为例，截至 2011 年 8 月 20 日，德国新能源发电量占总发电量的比例 20%。

在生态环保、节能减排方面，欧盟 2011 年制定了全面的能效目标，德国据此制定了 2020 年前新能源利用达到 30%（高于欧盟目标 10%），其中供热供电能源的 35% 要来自新能源的目标。为此，联邦、各州、地方政府都采取了有关扶持措施，如联邦科研部门和机构负责新能源应用方面的政策制定和风能、太阳能等新能源项目的具体落实，制定了包括税收优惠、低息贷款等扶持政策；州层面广泛开展了能源中心、消费者咨询公司、能源顾问等服务，开展新能源项目鉴定、项目有关手续协助办理、对新能源项目提供低息贷款或 3 年不还贷等扶持和鼓励活动，支持民用建筑节能、供热新能源应用、住房节能改造、太阳能装置使用、新能源交通应用、生物发电等项目发展。在政府鼓励和引导下，很多节能环保的新能源项目得以实现，如勃兰登堡州村庄的热、电均使用风能、太阳能、生物质能等可再生能源，北威州50 个村中已有 37 个村庄实现太阳能村。

二、北威州在新能源应用方面的一些具体做法

北威州是全球第七大经济区，根据统计，在全球 30 个注重绿色能源技术的地区中，北威州排在第七位左右，并正在努力争取做到第三、四位。在新能源应用方

面，北威州有 170 家新能源应用生产企业，40 家服务业企业，115 家科研企业（其中 100 家在大学里）。在州层面，北威州对能源领域新创立企业有很多扶持政策，并支持现有企业发展。其中，通过政府层面的调控和指导，将相关优势资源有机整合起来共同支持某个新兴产业的发展是很重要的一个做法。州将应用型的科学研究机构、大型研究所、综合性大学学科、应用技术大学、投资者、孵化器、中小型企业、北威州清洁能源协调中心、工业领域的研究和生产等资源进行有效整合，共同推动新能源研究和应用的发展。

北威州的清洁经济中心负责吸引好的产业落户该州，并提供政策等各方面扶持，做法包括对有创业想法的企业、个人提供支持，帮助创业者建立商业计划，进行协调使得创业者能够与大学、研究所开展合作，协调银行为创业者提供金融融资支持，帮助新创立的企业进入欧盟市场、国际市场等。同时，北威州成立了绿色创业者协会，以经济年增长率 15%、减少 25% 的碳排放为目标，主要开展能源方面的储能技术、工业生产产生的余热废热如何对外供热利用、农业循环经济的构成等方面的研究，努力创造符合绿色能源标准的从原材料到生产、经营、消费的一系列绿色产品品牌，并通过知识产权保护，创造绿色产业的硅谷。协会成员 2009 年投入的科研经费达 73 亿欧元，并通过协会形成强大的共同体。特别值得关注的是，协会十分注重中小企业在节能和新能源利用方面的作用，在帮助、扶持中小企业如何做到结构合理、节能领先、减少浪费、专有技术，成为新能源、新技术、提高能源使用率的开拓者等方面做了大量实质性工作。因其在绿色生产方面的出色业绩，协会工作得到了联邦经济评委的嘉奖，增加了北威州的吸引力，并凝聚了更多企业、创业者进驻。

三、可持续工业园区建设中的一些要素

（一）明确定位，注重园区规划设计

良好的生态园区规划是园区长效发展的前提和基础。在这方面，首先是确定工业园区定位，即：我是谁？——我的工业园区是什么，是什么类型的，我是谁，追求的价值是什么，什么对我来说是重要的？要制订明确的产业导向，确定什么样的企业、项目可进入可持续工业园区，明确应达到的标准并加以严格控制。其次是明确生态园区要素构成，即园区基本的功能要齐全，人的基本的要求要在园区内能够满足；明确如何与环境打交道，是否满足生态、低碳、环保等方面的要求；能否提供对人的感觉上起作用的东西如安全感、好的环境等；文化方面的因素如建筑物特色、水体绿化等环境氛围，并创造良好的文化氛围。第三，在可持续工业园区规划中，要把握好以下要点：减少耕地占用数量；减少二氧化碳排放；进行交通优化，推广轨道交通、公共交通，规划绿色出行设施；降低产业能耗；高效率使用能源；提高废水、废物的处理水平，增加循环再利用水平；推广使用新能源等。

（二）加强政策引导和目标控制

（1）明确节能减排目标。为加快推进新能源的应用，欧盟及德国均制定了明确的新能源使用目标和能源消耗量指标，并进一步制定了不同行业的节能减排指标。例如，欧盟制定了 2010 年能源消耗量要降低 20% 的目标，并制定了 2011 年的能效指标：2020 年，民用建筑节能 27% ～ 30%，工业节能 25%，交通节能 26%；德国根据 2011 年欧盟的目标要求，制定颁布了供热供电新能源法律修改案，并将新能源标准提高到 35% 等。作为硬指标，该项措施为行业和国家努力实现减排目的带来了强大压力和推进动力。

（2）建立和加大政府在绿色经济扶持鼓励方面的政策。德国从联邦、州、市政府几个层面均建立了鼓励支持新能源的政策，例如，联邦层面对风能、太阳能等新能源项目的政策包括用普通能源要交税并将税收用以支持新能源应用、用新能源不交税并给予其他的税收优惠及提供低息贷款，联邦付薪银行通过对新能源扶持支持资金支付、以低息贷款或 3 年不还贷等方式支持民用建筑节能、住房节能改造、太阳能装置使用、新能源交通应用、生物发电等项目；州层面通过建立能源中心、消费者咨询公司、能源顾问，为消费者提供用什么样的能源、如何节能、如何使用政策等服务，能源顾问为用户提供技术服务、能源检测评估证等服务，对类似保障性社会用房、文物保护建筑物等发放一定的建筑节能、供热新能源应用方面的扶持或补贴资金等。这些措施是新能源研究和应用得以广泛开展的重要基础。

（3）从土地规划、土地开发、项目选择、项目建设、后期管理等全过程加强政府的参与、控制、协调，使园区规划、建设目标得到完全的实现。

（4）对绿色生产情况进行严格检查落实。环保职能部门对企业绿色生产政策执行情况进行监控，指导企业按照低碳目标组织生产，并指导企业可持续健康发展；促进政府与企业进行更多的交流，了解企业的做法、想法，以将企业好的做法、技术创新等在更大范围内推广。

（三）加强协调和协同，共同促进绿色技术及绿色生产的发展

（1）发挥高校、科研机构在绿色经济研发方面的作用。可持续发展的一个很重要的方面在于与高等院校、科研机构进行合作，开展新技术研发，人才培训、培养，为项目提供优质人才等方面工作。

德国在园区开发过程中，十分重视与高校的结合，首先在园区选址过程中，会选择近邻高校的区域，如斯图加特工程园是由企业开发的具有项目孵化器性质的园区，10 年来该园区吸引了包括奔驰子公司、联想在内的 100 余家优秀企业进驻，在园区建设的成功经验做法中的第一条就是将园区周边要有大学甚至是知名大学作为选址原则。一方面因大学有足够的学生来园区进行实习，园区可以为高校服务；另一方面，企业可以利用大学的实验室和教学资源、人才优势进行科学研究实验和中试等小型生产，可将研究成果直接兑现；另外，高校中一部分人的设想、好的理念可以通过在园区成立公司，将研究成果、设想付诸实施。利用这种模式，建立起

了经济界和学术界的合作，实现了企业与大学的双赢。

（2）以绿色认证为契机，推进工业园区绿色生产工作的进一步开展。以北威州为例，该州六年前就开始对工业园区进行认证（通过单独项目认证实现），并颁发证书，发放认证标志，以此来鼓励地方政府重视可持续发展，并以此为平台，促进各州市间的交流、学习。对于新规划的工业园区，要严格按照生态理念进行规划、开发建设和管理运行。为此，北威州编制了绿色生产项目手册，手册介绍了新工业园区规划、建设要点，包括废物处理规划、临近乡镇在规划方面的合作（各乡镇间在产业选择、功能规划方面应避免重复）等内容。

（3）在新园区建设的同时，更注重原有落后项目的搬迁改造工作。如北威州将钢厂废弃搬迁或淘汰后，利用原有的设施建设热电联产项目，利用发电余热进行供暖；将原有的军事基地搬迁后，规划建设科研机构或市民森林公园，实现二氧化碳零排放。

（四）发展新能源，推动新能源的应用

（1）拓展能源思路。使用地源热能、太阳能，并可将单个区域内富余的可再生能源应用到周边、服务周边。在这种思路指导下，Ecopark 生态工业园内的能源供应公司提出了大胆的设想，即除了使用地热能、太阳能、风能、水能等能源发挥功能外，设想利用汽车电瓶或蓄电装置的富余电能在汽车闲暇时来为城市供电，而这种使汽车为城市供电的装置将遍布街巷，可随时在方便的时候接入城市电网，就如同今后为电驱动汽车充电而遍布设置的充电桩一样。总的思路就是充分利用各种优势资源实现城市功能，提高各种能源的利用效率。

（2）做好建筑节能，提高新能源在建筑上的应用。据统计，约30%的能源是建筑消耗的，因此，做好建筑节能和新能源应用十分必要。在这方面很多城市都采取了诸如进行外墙体保温、使用中空窗、进行建筑用能计量、推广使用可再生建筑材料等节能做法。在德国，另一项建筑节能做法是在房屋交付前进行建筑的围合结构气密性检测，以此确定建筑自身封闭严密，避免冷热能源浪费。

在建筑新能源应用方面，利用太阳能进行建筑供暖和制冷在德国已进行了实质性尝试，并取得了成功。在我们考察的慕尼黑的一个 320 户居民小区里，当地供热公司已采用太阳能作为小区供暖和制冷的能源，尽管不能满足全部取暖期的能量要求，但可以满足一半取暖期供暖，在节约能源的同时，已减排二氧化碳 2400 余吨，为太阳能在城市供暖方面的推广使用奠定了基础。在斯图加特工程园内有一家负责全城电信服务的通讯公司，该公司有大型的计算机机房设于所在的办公楼内，机房工作过程中产生大量热量，通常的做法是通过制冷以满足机器的工作需要，但该园区管理机构通过配套相应的设施，把机房产生的热能储存起来并用来进行整个园区建筑的供暖和制冷，因此节约了大量能源消耗，也极大地降低了建筑运行成本，取得了经济和环境的双重收益。

Ecopark 工业园内的 SEVA 公司在沼气发电和供暖方面做出了卓有成效的工作。该公司针对德国农村生产生活中产生大量沼气的情况，开发了利用沼气发电和供暖的成套装置，该装置发电功率从 100 千瓦～ 600 千瓦，可根据用户需要设计生产，安装使用方便快捷，已在德国农村广泛推广使用，并远销美国、澳大利亚等国家和地区，既解决了农村特别是边远地区的供能问题，又有效利用了沼气资源。

四、学习考察体会及启示

在德国培训学习期间，不仅感受到了德国各地良好的自然生态景观和人文景观，更深刻感受到了政府及社会各界对绿色经济的重视和超前投入及取得的卓有成效的业绩。

（1）可持续发展理念超前。为实现经济和社会的可持续发展，在学术界和产业界始终把超前思维、超前谋划和新技术、新产品研发工作放在突出位置，并从政府和企业层面进行了大量资金投入，取得了累累硕果，从根本上保持并推动了绿色生产生活领域科技的不断进步和新能源应用的持续发展。这也许是战后德国能够快速崛起并在很多行业不断引领世界的根本所在。

（2）目标定位起点高、执行严格。在欧盟严格的节能指标体系下，德国制定了更为严格的节能指标体系和新能源应用目标，并在操作环节加以不折不扣地执行，保证了国家减排目标的实现。合理进行目标定位，明确产业发展方向，是发展绿色经济的出发点和落脚点。

（3）注重绿色经济领域的创新。创新是一个国家和民族、企业不断发展的不竭动力。创新思维在诸如太阳能供暖、汽车电能等各种能源的整合供电，沼气发电及供暖，电热储能装置研发等等德国绿色经济领域的体现无处不在，并在创新给国家和企业带来了巨大生命力和财富的同时，实现了环境保护和可持续发展。

（4）政策扶持和引导是创新发展的助推。为实现制定的减排和节能目标，从联邦、州到市、镇，均有相应的扶持、鼓励政策和配套的中介服务，从政府层面对产业发展方向和能源取向确定了明确的导向，促进企业去更好、更多地注重研发和创新发展，从而服务于全局的绿色经济发展。

（5）人才培养是绿色经济产业发展的基石。通过严格、高效的双元制职业教育培养了大批既懂知识又有良好实践知识的产业人才，在满足基本生产的同时，为技术创新、科技研发、产学结合奠定了坚实基础。

（6）社会人群的整体素养较高和作风严谨是绿色经济发展的基础。在德期间，通过接触和了解，大部分德国人均具有较高的素养，谈吐文雅、幽默大方、包容性强；同时，德国人的严谨是世界闻名的，对事情的执著和对标准的严格落实、把事情努力做好的品格，更是绿色经济目标得以实现的重要保障。而这里更多体现的应是文化和教育的结果。

（7）坚实的产业基础是创新发展的基石。

（8）良好的自然生态环境使城市和国家更具吸引力和竞争力。我们在德国所到之处，不论城市还是村镇，街头公园还是公路两侧地块，无不林草茂盛、植被丰富，可以说德国的许多城市、乡镇是森林里的城市，而且更多的是自然生态绿化景观。

五、生态园区规划建设方面的一点建议

（1）制订切实的园区发展规划，明确产业定位和有关能耗指标，并在园区开发建设中得到全面、有效执行。

（2）建立园区开发管理企业（部门）与知名高校在新能源研究与应用等领域的沟通与合作机制。

（3）规划节能是最大的节能，也是其他节能的基础。因此，更应在规划阶段全面、统筹考虑好园区的功能布局，甚至建筑单体的功能设置。

（4）在新能源应用方面，一是要注重提高私营工业企业的科研积极性，而不是全靠国家要求；二是从政策制定、严格约束、扶持鼓励等方面提高企业在科研方面的超前投入，避免忙于应对现在的市场，只注重短期效应，而缺乏长期考虑的现象。

（5）在园区内部村庄集中连片改造中，加强太阳能、地热能等新能源的应用。

（6）引进德国在生态园区规划、开发建设、管理方面有经验的优秀人才组成顾问团队，全过程参与园区的开发管理。

德国绿化建设对中德生态园建设的思考

旅游开发公司　宋　崴

　　2011 年 11 月 21 日至 12 月 10 日，根据管委（区政府）统一安排，我参加了为期 20 天的"中德生态园区建设专题培训班"，这次培训班通过听取专题讲座、实地考察观摩、讨论交流等多种形式，对德国生态经济发展、城市建设、生态园区建设和投融资模式、节能技术和再生能源开发，以及职业技术人才发展等诸多重要课题进行了学习，收获颇丰。我公司作为区属国有企业，正参与区三大计划之一的"绿岛"建设，结合本职工作，此行特别留意了德国的绿化建设，德国作为世界闻名的园林国家，在绿化方面的经验和做法给我留下了深刻的印象。

一、德国绿化的主要印象

　　德国位于欧洲中部，面积 35.7 万平方千米，有 16 个联邦州，8200 万人口，城市化率达到 95% 以上，森林覆盖率 30% 以上。在德国，随处都可以看到生动别致的绿地，楼堂馆所和盘旋回行的立体交通也是绿树成荫、繁花似锦、青环翠绕，整个城市完全处于花园绿林之中。

　　（1）绿化全覆盖。我们在走过的所有公路沿线都能看到一片片树林和草地，绿树成荫、碧草似毯，几乎没有一块裸露的土地，参天大树和百年老树随处可见，建筑藏在森林之间，若隐若现。公园中地形略有起伏，不搞大型山石，以大面积草坪、树丛构成自然式园景。德国的河流、湖泊众多，大部分城市依河而建，河边树草灌木保持着原始生态，水面上天鹅、野鸭自由游弋，草丛中松鼠、野兔不时出没，环境十分优美。

　　（2）绿化自然、和谐。德国除漫天遍野的"绿"外，印象更深刻的就是这些绿，好似天生就应该在那里，就应该是这个形态，与周边环境十分融洽、和谐。法国梧桐、白桦，这些当地的树种比比皆是，恣意舒展；也可在草坪上随意行走嬉戏。即使是参天的古树，也随意地用透水石块围着，至多加个简单的围栏。在居住小区里，新房子和小树，历史悠久的建筑和参天的古树充分体现了自然和谐、一树一景的效果，形成了浑然天成的绿化环境。

　　（3）森林覆盖率高。德国政府十分重视森林的保护和利用，把森林看成是人类赖以生存的条件，把森林经营为自然生态保护区和森林公园，供人们度假、休闲。走在德国的街头，也许不经意的一转就进入了茂密的森林——森林与城市融为一体。

二、德国绿化的主要做法

　　据各方面了解，德国绿化的特色和经验，主要体现在以下几个方面：
　　（1）相关法律、法规比较全面。一是通过法律、法规鼓励绿化。德国制定了一系列的园林法规,以保证城市按园林规划进行建设和管理。如1971年德国政府颁布了《城市建设促进法》,1976年颁布了《自然保护及环境维护法》等等,从法律上保证了城市园林绿地建设和自然风景的保护。各地议会把增加绿地作为任期内实现的目标之一,国家、州、地方政府对发展公园绿地、居民庭院绿化也有一定的补贴,如法兰克福规定凡居民建设庭院绿地1平方米,政府一次性奖励80马克。二是对破坏绿化的行为进行生态补偿。根据德国有关减少绿地影响和补偿的立法,如果对绿地改变,不管这个改变是在它的使用上还是在它的面貌上,都被认为产生了影响(包括对地下水位的改变),如果这个影响重大,或者这个影响对自然和景观长期不利的话,法律要求对生态环境进行补偿。根据联邦森林法规定,采伐后再造林(包括天然更新)和永续森林经营是应尽的义务。根据这一原则,各州的森林法都对采伐面积和利用林分的林龄做出了详细规定。例如,莱茵兰—法尔茨州森林法规定,5000平方米以上(同龄纯林20000平方米以上)的禁止砍伐,50年生以下的针叶树和80年生以下的阔叶树木禁止利用。

(2)政府措施得力。一是千方百计增加绿地。19世纪末,德国一些繁华城市已经盖满房子,没有足够的土地进行景观布置。后来德国把开发商没有关注或认为没有价值的土地拿过来,把臭水坑、沼泽地、乱石满地的地方都买过来,用这些来建立公园和绿地系统。再如法兰克福市绿地占城市总面积的70%,人均占有公园绿地面积40平方米。为了增加城市自然景观面积,改换城市景观状况,政府采取了"指状发展"的模式,将一切污染工业都迁出市区,将原厂址由国家或企业购买作为园林绿化设施用地,使城市绿地、森林公园楔形插入市中心。二是千方百计防止绿地被挪用。德国人将城市绿化作为国家土地保留下来的观念非常强烈。开发商若要对绿地(包括公园、农田、森林等)进行开发利用,改变土地性质,大项目必须通过75人组成的"城市咨询委员会"反复论证决定,小项目也必须通过由10名专家和市长组成的专家组讨论决定,程序极为复杂、时间至少1年,对局部土地的开发利用,还必须通过该地区的居民表决。三是搭建发展园林绿化的平台。第二次世界大战(1939-1945年)后,德国通过举办"联邦园林展"的方式,恢复、重建德国的城市与园林。"联邦园林展"每两年举办一次,申办展览的竞争相当激烈,需要提前十年左右向德国景观规划设计学会提交一份详细的申办报告,内容包括城市概况、交通、展览园选址、展览宗旨等,设计也需保证展览园中文物古迹不因园林展而遭受破坏。一届成功的园林展对展览城市来说,绝不仅仅是半年的展览本身,更重要的是为城市留下一片大型绿地,改善了城市的环境,甚至改善了整个城市的结构布局,如1969年多特蒙德园林展展园,为德国留下了有3000多株月季的月季观赏园;1979年波恩园林展展园,使该市不再仅仅是政治中心,也成为一座风景城市;1983年慕尼黑园林展西园使该市绿地布局趋于平衡;卢茨设计的1993年斯图加特国际园艺博览会展园,把斯图加特分散的绿地连成环绕城市的绿带。

（3）规划超前，崇尚自然。一是绿化规划的前瞻性。他们以解决预见性的问题为出发点，至少向后考虑50年以上，真正是"一朝建设，百年受益"。据了解，莱茵河所流经的德国波恩市，早在20世纪70年代，就制定了有力推进城市绿化发展的大规模规划设计方案，其中确定的一条重要原则是：愈是开阔的绿色空间，就能愈快地使未来的建筑和植物紧密联系在一起，融合成一个整体。根据这一指导思想，波恩市进行了长达几十年的景观建设，修建了包括莱茵河公园在内的诸多景观，成为世界闻名的花园城市。二是崇尚自然。在规划中，树种的选择，园林绿化的设计，材料的选择都要求自然、生态。如就路面来讲，德国就根据不同的用途规定了截然不同的材料：人行道、步行街、自行车道、郊区道路等受压不大的地方，采用透水性地砖，这种砖本身可透水，砖与砖之间采用了透水性填充材料拼接；对于自行车存放地和停车场的地面，选择有孔的混凝土砖，并在砖孔中用土填充，这样有利于杂草生长，使地面的40%具有绿化功能；居民区、公园和街头广场选用实心砖铺设，但砖与砖之间会留出空隙。空隙中留有泥土，天然的草可在此处生长，这样的地面可形成35%的绿化面积；在房舍周围、居民区步行道、校园和公园的步行道上，由于往来行人较多，路面使用率高，因此大多采用细碎石或细鹅卵石铺路。由大小均匀的石子散落而成的路，不仅地面透水性好，而且还不长杂草；城市街道的主要路面则用有孔砖加碎石来铺设，即在带孔的地砖孔中撒入碎石。这种地面不生杂草，但可使雨水顺利渗透，其地面的热反射也大大低于全硬化地面。

（4）全民重视绿化。越来越多的德国市民认识到：如环境不健全，生活水平再高也是美中不足。因此，向往自然和保护园林绿化成为一种文化意识和生存环境质量追求。当经济发展与环境生态相矛盾时，往往首先考虑生态的需求。搬迁工厂、拆除过密建筑、增加绿地面积是政府和广大市民顺理成章并且自觉遵守的事情。相反如果为了建筑而挤占绿地，往往会引起居民的反对，也无法取得议会的同意。一些工程为了保留树木甚至不惜改变设计，如我们在德国就曾亲眼见过一家咖啡厅为了保留大树，在大厅中间特意留出树位。同时，德国居民也注重居住环境的绿化建设。在房前屋后的小块空地，德国人也要精心栽植一些草木、修建小花园。房前没有空地，就利用攀缘植物进行绿化，家家阳台上都摆满了鲜花，并且使用统一规格的长方形花池，所栽花的种数和颜色各阳台不尽相同，在整体上显得既协调统一又富于变化。

（5）专业人才较突出。德国从事绿化的人员专业性很强，专业甚至包括土地养护、自由园林、景观设计及大自然保护规划等等，且多注重利用水域重建、生物净化、景观整治、太阳能利用、雨水利用和回收系统等生态技术手段。同时，通过"联邦园林展"，涌现出一大批优秀的景观绿化设计人才，如设计1979年莱茵公园的汉斯亚克布兄弟、德国慕尼黑工大教授、1989年获得德国景观规划设计师学会奖的拉茨，等等。他们提倡利用自然式手法进行绿化设计，尽可能地利用在特定环境中看上去自然的要素或已存在的要素，如很少移栽成型的大树，一般进行幼苗栽植，在树种选择上也大多提倡采用当地的树种，通过树木的自然生长，形成与周边环境自然、和谐、浑然一体的景观。

（6）生态形成良性循环。德国属温带大陆性气候，雨量充沛、光照充足，进行园林绿化建设的先天条件较好。加上多年来重视生态绿化和保护，森林覆盖率大幅提升，很快便成为真正意义上的园林国家。森林覆盖率提高后，涵养水分，空气净化，有效提高了德国的生态环境，又促进了绿化的进一步发展，形成生态的良性循环。公园绿地和周边的农田、森林、河流连接贯通，使整个城市坐落于绿色当中，整个国家似巨幅油画，美轮美奂。

三、启示建议

"他山之石可以攻玉"，借鉴德国绿化的经验做法，建议：

（1）中德生态园最终规划面积100平方千米，目前基址植被、建筑等体量较小，作为未被开发的处女地，有优势有条件建立一个具有自我组织、自我维持、自我循环功能的生态系统，真正实现中德生态园的"生态"功能。前期在做好各种规划的同时，应首先做好绿化空间布局规划，通过绿化提高区域品位与档次，通过绿化分割不同功能区，通过绿化为中德生态园提供高品质的活动场所。

（2）中德生态园与德国相比，河流湖泊相对较少，不利于绿化及养护。而水是城市的经络，是城市的灵魂，水体、河流形成后，不仅可形成景观、美化城市，而且可建立和发展良性循环的生态系统，进一步促进绿化的发展。经初步调研，目前中德生态园年降水量达到每年85厘米左右，若水分得到充分涵养，100平方千米的土地上，3年即可形成平均水深6米、总面积约3平方千米的水体（以汇水过程、土地涵养损失30%推算）。

（3）中德生态园前期目标是3年见成效，5年见规模，10年基本建成，意味着中德生态园有较充裕的建设缓冲期。建议在尚未明确建设内容的区域或已规划区域但在正式建设前，全部种上树苗，进行大规模苗圃式绿化。一方面尽快提高森林覆盖率，迅速改善区域生态环境，为后期绿化建设提供必要保障；另一方面通过先做环境再招商，进一步增强中德生态园吸引力，提升区域价值。

（4）结合区三大计划的"绿岛计划"，把区内零碎的、开发条件不成熟的土地或者认为没有价值的土地，采用"苗圃＋绿化"的运作模式进行建设。一方面全面植树，提高城市绿化率，使各城市片区之间、城市五大板块之间绿廊连接，实现绿色可持续增长，打造以"绿"为特色的绿色之岛；另一方面作为天然苗圃，储备花草苗木资源，进行市场化运作，实现经济效益，最终实现公益事业的社会化运作。

（5）通过绿化率的大幅度提高，加大建筑与环境的协调规划，实现"建筑间穿插绿化"到"绿化间隐掩建筑"的转变，使建筑与自然环境完全融合，人与自然和谐发展，真正把中德生态园乃至开发区打造成为国际一流的旅游城市、生态宜居新城。

（6）在树种的选择上，严格按照"适地适树"的原则，分析中德生态园以及我区光照、气候、土壤的不同要素，选择适当的树种进行种植。同时，在具体操作上注重细节，如选择合适的路面材料，树木的间距等等。

突出节能减排推进园区经济可持续发展

发改局　　薛俊亭

2011 年 11 月 20 日至 12 月 10 日，根据工委管委的统一安排，我参加了赴德国中德生态园专题研讨班，在德国期间，德方对此次培训高度重视，精心组织，首先安排了有关方面专家学者，就德国在生态园区建设等方面的经验进行了集中介绍，之后又现场参观考察了部分生态工业园区。耳闻目睹之处，均体现了德国在园区经济发展和城市建设管理方面生态、节能、环保、低碳、可持续发展的理念。特别是在加快新能源开发利用，推进节能减排方面，走在了世界的前列，由享誉世界的"德国制造"向"德国绿色制造"全力推进，每到一地都给我们留下了深刻的印象。对加快中德生态园建设，推进"五大板块"和"三大计划"实施具有非常重要的借鉴意义。

一、德国推进节能减排的主要经验做法

德国政府为了使其经济发展维系在一个更加高效、清洁的能源系统上，实现经济社会可持续发展，增强其经济竞争力，非常重视节能减排工作，承诺到 2020 年能源利用率比 1990 年提高 30%，二氧化碳排放量比 1990 降低 30%，可再生能源占能源总量达到 25% ～ 30%。这个目标要远远高于欧盟的要求。为实现这个目标，德国政府采取了一系列方法和手段，包括加强政策引导，加大扶持力度，重视技术创新和节能宣传等，对已经成熟的节能技术加快推进利用，对代表未来发展方向的新能源技术，在政府和企业的共同推动下积极研发和实验，积累经验全力推进。在一些具体做法上给我们感受很深。

（一）特别注重新能源的开发利用

德国对发展再生能源的认识不仅仅是出于确保能源安全和能源供应多元化考虑，而且也是减少温室气体排放、减少城市环境污染等的重要措施。德国政府规定了发展再生能源的目标，即到 2020 年再生能源利用要占总能耗的 25% ～ 30%。各州也都制订了具体目标，如巴符州规定从 2008 年起，住宅 20% 的热电供应必须由可再生能源提供。目标制订以后，关键在于落实，这方面德国人也言行一致，行动迅速。慕尼黑环保局局长专门陪同我们参观了一处利用太阳能进行建造的项目。该项目是利用太阳能为一个 320 户的居住小区进行供暖、提供热水服务，小区建筑面积 28500 平方米，安装太阳能板 2700 平方米，并建造了一储量为 6000 立方米的储能水罐，其主要工作系统是：在夏天，阳光充分时节，利用太阳能对储罐内的水进行加热，储罐内水温可达 90℃，冬天供暖时节（9 月至次年 4 月）将储罐内的热水用于对周边 320 户居民进行供暖及热水服务（当罐内水温到 10℃时将不能再对外

供暖），供暖出水温度 60℃，回水 30℃。虽然只能满足小区 50% 的供能需求（另外供能时段由城市供暖公司进行补充供能），但却代表了未来新能源的利用和发展方向，具有很好的示范作用。

（二）特别注重节能减排技术研发

德国非常重视通过技术开发与创新，实现节能减排。德国钢铁协会下属的钢铁研究中心，将节能减排作为重点研究课题，通过优化工艺流程、研发新型钢材和提高废钢材重复利用率实现节能减排。据了解，德国目前每吨钢用电量由 1990 年的 630 千瓦·时，下降到目前的 345 千瓦·时，二氧化碳排放量比 1990 年下降 20%。在家用节能方面也开始研究推广新技术和设备，如取暖发电设备已经研发成功，主要原理就是利用供暖进行发电，实际上就是小型家用热电联供机器 = 取暖器 + 发电机。该设备现在价格约 2 万欧元左右，可服务 200～300 平方米，取暖的原料是天然气，年用气量约 2000 立方米，发电约 20000 千瓦·时。从单独个体到面上的推广使用，可以实现大范围的节能，德国专家预计十年后这种设备将在家庭普及，实现从大型电站到 Mini 型家用电站转变。

（三）特别注重建筑节能

建筑供暖和供水消耗的能源占德国能源消耗总量的 1/3 左右，如在建筑节能上，他们通过材料革新、通风设备、采光措施等，使其在使用寿命周期的采暖能耗降到只有每年 $15kW \cdot h/m^2$，并只在特别寒冷的天气情况下才使用采暖设施。一是通过立法提高标准并加强国家监控。2002 年德国出台了《节约能源法》，规定新建建筑必须符合一定的能耗标准。规定消费者在购买或租赁房屋时，建筑开发商必须出具一份"能耗证明"，告诉消费者这个住宅每年的能耗，主要包括供暖、通风和热水供应。通过政府机构、专业人士及鉴定专家对在建及已建成建筑进行严格的监控，保证所有建筑的能耗符合现行法律的规定和要求。二是组织并实施示范项目。利用示范项目来展示节能建筑和改造工作所取得的巨大成果，这些成果极大地促进了建筑标准的推广和认知工作。从 2004 年起，共对分布在全国各地的 143 座老房屋进行了改造，使其成为节能样板房，很好地达到了示范效应。三是通过资金补助和低息贷款，促进即有建筑的节能改造。德国政府每年拿出一定数额的资金，用于老式建筑节能改造补贴。同时，为建筑节能改造项目提供低息贷款，而且是能耗降越低，贷款利息越低。据统计德国通过房屋节能改造，每年节省大量的热油，节能经济效益显著，同时也为建筑业带来前景广阔的市场机遇。

（四）特别注重政策扶持

为促进再生能源的发展，德国出台了一系列的措施。2011 年 6 月，德国制定颁布了供热电新能源法律修改案，并将新能源标准提高到 35%，电网、发电站等都将做出调整布局。《德国节能法》规定，用可再生能源发电的，20 年内政府将从收取的电费中拿出一半返还给可再生能源生产者。如任何可再生能源项目，都能得到政府资金补贴，小型的太阳能设备，政府给予一定数量的财政补贴；对于大的项目设备，政府提供优惠贷款，甚至将贷款额的 30% 作为补贴，不用返还。对于家用太阳能一次性补贴 400 欧元。在供电方面，鼓励用可再生能源发电，凡用可再生能源发电的可得到资金补贴。联邦政府科研部门和机构负责政策制定，政策包括税收优惠（用普通能源要交税并将税收用以支持新能源应用；用新能源不交税并给予其他优惠）、低息贷款。具体由 DENA（德国能源中心）来落实，可以确定国家资金扶持支持的项目，界定哪些新技术是可以国家扶持的，哪些不预支持。联邦付薪银行是对新能源扶持支持资金支付的银行，以低息贷款或三年不还贷等方式每年发放定额资金，主要支持民用建筑节能、住房维修、太阳能装置、新能源交通应用、生物发电等项目，资金来源采用政府、社会等多渠道融资。各州、地方政府等层面也根据各自的实际情况制定扶持政策。

（五）特别注重管理环节节能

德国节能机构研究认为，通过加强企业的管理可为企业减少 15% ～ 20% 的能源消耗，节能的目标，不用投资就能实现 1 半。因此，企业为了减少能源消耗，降低产生成本，纷纷通过专门的节能咨询机构，谋求科学管理方法，很多企业还采取合同能源管理方式，委托节能机构对本企业进行能源管理，达到节能减排目的。为加强节能管理，企业普遍设立了专职的节能人员，负责企业节能降耗工作。我们参观了一家园区开发管理机构，专职节能人员就有十几人，各工厂还配有兼职的节能员，并建有一个监控中心，负责对全厂能源情况进行监控，及时处理各种问题，最大限度地降低能耗。

（六）特别注重发挥节能咨询机构和行业协会的作用

政府制订的节能目标和出台的政策措施，如果没有专业的服务平台，是很难在企业和社会实施的。节能服务机构正是为企业和社会提供了这个平台。因此，德国政府非常重视节能咨询机构建设，在国家层面设立了国家能源中心，其主要工作之一就是为企业和公众提供节能咨询，并开设了免费电话服务中心，解答人们在节能方面碰到的问题。在州政府设立分能源中心、消费者咨询公司、能源顾问。消费者咨询公司负责为消费者提供什么样的能源、如何节能、如何使用政策等服务。出具咨询鉴定报告等技术性咨询是收费的，州也支付一定的政策咨询方面的费用。为满足企业和公众节能咨询量不断增加的需求，政府鼓励建设小的节能咨询机构，凡新建设的节能咨询机构可得到政府的资助。为提高咨询人员的素质，政府每年要对咨询人员进行专业培训，不合格的将取消其咨询资格。目前，全德国有 600 个这类公司，极大地满足了企业和公众的需求。

另一方面，德国政府对企业的政策扶持和经济补贴是由行业协会执行的。因此，政府、行业协会和企业有着非常紧密的联系。行业协会不仅仅是联系企业的虚设组织，而且承担着辅助政府行政的职能。在节能减排工作中，政府非常重视发挥行业协会的作用，他们把目标任务下达到各行业，由各行业协会负责执行。行业协会不仅投入资金（政府的资金由行业协会执行）帮助企业对老设备进行改造，还通过加强节能减排技术研发和行业监管等措施，促进本行业完成政府的节能减排目标任务。同时，政府非常重视行业协会建设，不仅给予政策倾斜，而且给予资金项目的扶持，使得行业协会得以健康发展，协会的职能也得到很好地履行。

二、学习德国节能经验的几点启示

一是加强新能源和再生资源综合利用，是实现节能减排的有效途径。德国非常重视再生资源利用，他们通过加强立法、政策推动、财政补贴、税收优惠和规模化经营等方式，推动再生资源产业发展。在德期间我们参观了一家生产热电联供设备的公司，该公司位于 Ecopark 生态工业园内，主要生产热电联供的小型发电设备，目前主要生产使用沼气为原料的发电设备，沼气来源于粮食、猪牛粪，原材料都是可再生资源。该设备在发电的同时，可将热量用于供暖，实现热电联供。产品各装置设置于定制的集装箱内，厂内生产、安装，调试后发送给用户，实现工厂化生产，是一个利用沼气等气体资源的清洁能源合成设备，该设备在欧美国家已经开始推广使用。再生资源的利用不仅节约了资源，而且由于生产流程的减少，使生产过程的能耗和污染排放大大降低，达到节能和环保双赢的目的。目前，资源供需矛盾加剧和生态环境恶化已成为我国持续健康发展的制约因素。德国的经验表明，重视再生资源利用，不仅能解决资源供需矛盾，更是实现节能减排的有效途径。

在新能源应用方面，特别需要政府层面的调控和指导。例如，在德国北威州有170家新能源应用生产企业，40家服务企业；115家科研企业，其中100家在大学里。例如，北威州清洁能源整合的资源做法包括——应用型的科学研究机构、大型研究所、综合性大学学科、应用技术大学、投资者、孵化器、中小型企业、北威州清洁能源协调中心、工业领域的研究和生产等，有机整合区域资源来共同支持新兴产业的发展。

二是结构节能、技术节能、管理节能都具有很大潜力。德国作为发达的资本主义国家，其经济结构已趋于合理，各项技术处于世界领先地位，加上德国传统的严谨作风，更是精于管理，就是在这种情况下，他们分析认为节能减排的潜力仍然很大，并将节能减排的目标定得很高，并有充分的信心完成目标。他们的信心来自对产业结构进一步调整的决心，来自对节能技术的研发推广，来自对管理的细致科学。德国在节能减排上的经验做法告诉我们，结构节能、技术节能、管理节能缺一不可，对节能减排的作用都很大，要把它们放在同等重要的位置予以高度重视。我们目前正处在经济高速发展阶段，和德国相比，我们的产业结构不合理，经济发展粗放，技术装备水平较低、管理落后等问题都很突出。因此，我们的节能减排的潜力更大。我们必须加快产业结构调整，高度重视技术节能和管理节能，坚定信心，深挖节能潜力。

三是加强宣传教育，增强节约意识，是节能减排的关键。德国政府认为，没有民众的广泛参与，节能减排的目标是不可能实现的。因此，提高民众的节能意识非常重要。他们非常重视通过各种宣传手段来提高民众的节能意识。例如，政府高级官员不定期与民众举行研讨会，就政府的相关政策进行研讨，听取意见，并鼓励民众对政府、企业在节能与环保领域的工作进行监督；负责组织全国节能工作的德国能源局中心不仅开设了免费电话服务中心，解答人们在节能方面遇到的问题，还设有专门的节能知识网站，以便更好地向民众介绍各种节能专业知识，并制作展板在全国各地进行节能宣传，活动中政界名人都积极出席；每年在全国开展节能知识和技能竞赛，对优胜者给予奖励，不仅提高了民众的节能意识，还宣传推广了节能技术。德国扎实的节能宣传工作很值得我们学习借鉴。当前，我们的节能宣传不能只停留在对政府机构和企业的宣传上，或停留在满足于发个文件、提一些要求上，更重要的是要加强对民众的宣传力度，不仅要让广大民众知道节约的重要性，从而自觉主动地节约，而且还要通过有效的途径，宣传推广节约意识，让民众认识如何去节约。

三、几点建议

德国在节能减排方面走在了世界的前列，无论是国家层面的重视程度，还是民众的认识程度都达到了很高的水准。同时其对新能源推广利用的决心和步伐也很大很快，对新技术的研究也是紧锣密鼓，稳步推进。他们的一些好经验和好做法，必须结合我们的实际情况创造性地予以借鉴，推进中德生态园又好又快发展，带动全区经济、社会、科学的发展。主要建议：

一是设立能源中心，加快新能源的推广和利用。针对包括工业企业、公共建筑、商业楼宇等在内，共享供电系统、供水系统、燃气、供暖等能源供应和共享数据信息服务，实现对能源安全、合理、高效的应用，达到节能减排的目标。可以有组合形式：单体建筑采取地源热泵，而区域设立多能源组合的能源中心。地源热泵式是一种利用浅层地热资源（也称地能，包括地下水、土壤或地表水等）的即可供热又可制冷的高效节能空调设备。地源热泵通过输入少量的高品位能源（如电能），实现由低温位热能向高温位热能转移。地能可分别作为冬季热泵供热的热源和夏季制冷的冷源。采取地源热泵的方式进行供热和制冷，可节约传统机房占地面积，节电、节气、节约运行成本等，还可减少二氧化碳等气体的排放。

多能源组合的能源中心。利用太阳能、风能、水蓄冷等多种能源形式组合搭配，并形成能量互补，通过能源环的形式对外供能，达到供能系统能量损失小、可分期开发的效果。太阳能光热与光电系统：屋顶安装太阳能光电板，既可以起到遮阳的效果，又可以用来发电，照明室内、走廊、楼梯口和停车场。屋顶布置太阳能光热板，为建筑楼内提供适宜温度的生活热水。风能与风帽系统：智慧城可就近利用大唐抓马山风力发电场产生的风电，并利用充沛的风力资源，在建筑设计的时候安装"风帽"，将室内外热冷空气形成置换对流通风。可采用电动百叶通风口，根据空调季和过度季的不同需要启闭风口。水蓄冷：利用夜间廉价低谷电，全部或部分制造出建筑物日间所需冷量，将冷量以低温冷水的方式蓄存起来，在白天高峰电价时段，制冷机组停机或部分开启，其余部分用夜间蓄存的冷量来满足，从而达到"移峰填谷"、降低电力设备和制冷设备的装机容量、为用户节省运行费用的目的。

二是科学设立节能减排指标体系。德国经验表明，建立和完善节能减排指标体系、监测体系并建立相应的法规制度，是促进用能单位依法用能、合理用能的最重要的基础，也是提高能效，降低消耗、减少排放的重要措施。主要包括：环保、节能标准，能源、资源循环利用标准，绿化景观环境建设标准，道路交通体系建设标准，建筑标准等。环保、节能标准包含生活垃圾（无害化）处理率、生活污水处理率、噪声达标率、万元 GDP 二氧化硫排放量、百万美元 GDP 碳排放强度、万元 GDP 标准煤能耗、万元 GDP 新鲜水耗等。能源、资源循环利用标准包含可再生能源使用率、生产固废综合利用率、生产用水重复利用率、垃圾回收利用率等。绿化景观环境建设标准包含人均生态空间用地、人均绿地、植物指数等。

三是大力推广循环经济。设立雨水和污水收集系统，形成水资源的循环利用。借鉴生态学理论，在屋顶和地下设计可持续的雨水和污水收集排放系统，经过过滤、处理，用于绿化灌溉，冲洗厕所、走廊、停车场等公共场所。设立再循环物垃圾槽，实现垃圾分类处理和固废综合利用。在工厂、写字楼、居民小区等设立中小型的再循环物垃圾槽，引导职工、居民将垃圾分类，把可再循环废物如报纸、书籍、塑料瓶等投入其中，其他垃圾则投入普通垃圾槽。智慧城区域内再根据需要设立大型的中央再循环物垃圾槽，实现垃圾分类处理和固废综合利用。

四是加强节能减排网络建设。德国的经验告诉我们，网络是节能减排的最便捷、最有效的方式。一方面完善公交体系，构建慢行系统网络。结合公共交通和公共绿地布局，推行绿色交通模式。公共中心围绕公交站布置，重视发展步行、非机动车等慢行交通。完善公交系统，站点覆盖主要公共设施，减少对私家车的依赖，引入自行车交通体系。另一方面，利用山体、河道，构筑绿化生态系统。以生态山体景观为背景，以河道水体为景观廊道、以生态开敞空间为景观节点，"纵横成网、多绿径、多节点"的绿化生态网络系统。

借鉴国外经验 推进建筑节能建设

辛安街道办事处 于文波

为做好中德生态园建设，学习借鉴德国在生态、节能方面的成功经验和先进技术，我有幸参加了本次的德国考察。在节能减排的具体实践中，德国堪称世界典范，从制度安排、法律法规建设、经济激励与制约措施、先进的技术手段和公众的广泛参与等各个方面都有值得我们学习和借鉴的经验。本次在德国的考察主要侧重于城市建筑节能。在惊叹于德国建筑节能的先进技术和理念的同时，也深刻地体会到了我们与发达国家在节能减排方面的差距以及我们今后需要持之以恒努力的方向。下面就结合本职工作简单地阐述一下此次德国之行对我的启发以及对节能减排的认识。

一、建筑节能对社会生活和经济发展意义重大

建筑节能是指建筑物建筑和使用过程中每一环节节能的总和。具体指在建筑物的规划、设计、新建（改建、扩建）、改造和使用过程中，合理的规划设计，执行节能标准，采用节能型的技术、工艺、设备、建筑材料和产品，加强建筑物节能设备的运行管理，合理设计建筑围护结构的热工性能，提高保温隔热性能和采暖供热、空调制冷制热系统效率，以及提高照明、通风、给排水和管道系统的运行效率，积极合理地利用可再生能源，在保证建筑物使用功能和室内热环境质量的前提下，降低建筑能源消耗，合理、有效地利用能源。

（一）建筑节能是社会经济发展的需要

经济的发展，依赖于能源的发展，需要能源提供动力。我国的能源具有总量大、人均少的特点，能源总量排世界第三，人均总量却不及世界平均水平的一半。对我国而言，能源短缺问题将是制约我国社会、经济可持续发展的关键因素。当前我国处于房屋建筑的高峰阶段，而完成这些房屋建筑项目需要大量的能源支撑。为更好地解决我国能源短缺的问题，必须开展建筑节能工作。

（二）建筑节能是减少环境污染的需要

随着城镇建筑的迅速发展，采暖和空调建筑、生活和生产用能日益增加，向大气排放的污染物急剧增长，环境形势十分严峻。建筑采暖和炊事用能是造成大气污染的两个主要因素。我国排放的二氧化碳已占世界第二位，建筑用能的二氧化碳排放量占到全国用能排放量的1/4,随着建筑物的大量建造,情况可能还会进一步恶化，对居民健康将造成严重危害，前景令人担忧。

（三）建筑节能是发展建筑业的需要

各发达国家建筑业发展的实践证明，建筑技术、建筑产品的发展都与建筑节能

的发展息息相关。随着国家对建筑节能要求的日益提高，墙体、门窗、屋顶、地面以及采暖、空调、照明等建筑的基本组成部分都发生了巨大的变化。房屋建筑不再是砖石等几种传统产品包揽天下，材料设备、建筑构造、施工安装等都在进行多方面的变革，许多新的高效保温材料、密封材料、节能设备、保温管道、自动控制元器件大量涌入建筑市场。新的节能建筑大量兴建，加上既有建筑大规模的节能改造，产生了巨大的市场需求，从而涌现出大量生产建筑节能产品的企业，也促进了各设计施工和物业管理部门调整其技术结构和产业结构，使得不少发达国家的建筑业在相对停滞中山现了生机，促进了各国建筑业的进步发展。

二、德国在建筑节能方面的主要做法

德国建筑供暖和热水消耗的能源占其能源消耗总量的1/3左右，因此德国十分重视建筑设施的节能。

（一）通过立法提高标准并加强国家监控

德国节能法规定新建建筑必须符合能耗标准要求。消费者在购买或租赁房屋时，建筑开发商必须出具一份"能耗证明"，告诉消费者这个住宅每年的能耗，主要包括供暖、通风和热水供应。通过政府机构、专业人士及鉴定专家对在建及已建成建筑进行严格的监控，保证所有建筑的能耗符合现行法律的规定和要求。

（二）加强宣传，提高公众的建筑节能意识

向业主、投资者、银行和房屋使用者宣传、解释建筑节能经济效益及其为地产营销带来的促进作用，进一步提高全社会建筑节能意识，自觉进行节能建筑的建设和改造，不断增加对低能耗建筑的需求。

（三）加强对专业人员的培训

在高等院校开设城市规划、建筑设计和建筑工程等专业课程，培养建筑节能的专业人才。同时，加强对建筑工程及专业工种的培训，以提高使用现代化的新型建筑材料和建筑构件的能力，确保工艺质量。

（四）组织并实施示范项目

利用示范项目来展示节能建筑和改造工作所取得的巨大成果，这些成果极大地促进了建筑标准的推广和认知工作。德国在 20 世纪 90 年代开始推行适应生态环境的居住区政策，如生态办公室、植物建筑，这类住宅 100% 依靠太阳能、风能，没有有害废气排入空气中，实现零能量住房。

（五）通过资金补助和低息贷款，促进既有建筑的节能改造

德国政府拿出 30 亿欧元，用于补贴老式建筑节能改造。同时为建筑节能改造项目提供低息贷款，能耗降得越低，贷款利息也越低。德国通过房屋节能改造，节能经济效益显著，也为建筑业带来前景广阔的市场机遇。

（六）通过技术的革新来增强节能的成效

德国是世界第二大技术出口国，无论是传统技术还是高新技术，都拥有雄厚的实力。建筑节能方面，他们通过材料革新、采用高效通风设备和照明节能等措施，使其在使用寿命周期的采暖能耗降低，现在的新型建筑比 15 ～ 20 年前的旧建筑节能 20%。

（七）重视可再生能源开发利用

德国不仅把发展可再生能源作为确保能源安全和能源多元化供应以及替代能源的重要战略选择，而且也把它作为减少温室气体排放和解决化石燃料引起的环境问题的重要措施。为促进可再生能源的发展，德国出台了一系列的激励政策，任何可再生能源项目，都能得到政府资金补贴。小型的太阳能设备，政府给予一定的财政补贴，对于大的可再生能源项目，政府提供优惠贷款，甚至将贷款额的 30% 作为补贴，不用返还。对于家用太阳能利用系统一次性补贴 400 欧元。在供电方面，鼓励用可再生能源发电，凡用可再生能源发电的可得到资金补贴。目前，德国风能发电和太阳能利用方面都处于世界领先水平。

三、我区建筑节能发展现状

众所周知，我国不仅能源短缺，且又是能源消耗大国。我国花费在采暖和空调上的能耗占建筑总能耗的 55% 以上。据不完全统计，我国城乡现有建筑达 450 多亿平方米，在数目如此巨大的建筑中，达到节能标准的仅占 5% 左右，即使是最新建筑，几乎 95% 以上仍属于高耗能。目前我国的设计标准与发达国家相比差距仍然较大，绝大多数采暖地区围护结构的热功能都比气候相近的发达国家相差许多，外墙的传热系数是他们的 3 ～ 4 倍，外窗为 4 倍左右，屋面为 3.5 ～ 6 倍，门窗的空气渗透为 5 倍左右。发达国家住宅的实际年采暖能耗大约相当于每平方米 7.57 千克标准煤，而我国目前采暖耗能每平方米达到 13.5 千克，约为发达国家的 1.5 倍。虽然我们目前的总体状况与发达国家相比还有较大的差距，但我区在建筑节能方面一直进行着不断的探索实践，新建建筑 100% 达到节能标准，并不断加大可再生能源的应用及推广。

（一）太阳能建筑应用不断推广

太阳能光热技术应用规模扩大，北京电影学院（青岛）创业媒体学院、千禧龙花园、薛家岛示范居住区等 100 多万平方米居住建筑安装了太阳能热水系统。太阳能光电技术应用得到尝试，武夷山路公交站棚和卓亭广场的庭院灯都采用了太阳能光电照明技术。

（二）海水能建筑应用试点成功

青岛千禧龙置业有限公司在唐岛湾海畔投资建设的高档会所、三期酒店式公寓和四期商务酒店，全部采用海水能进行供热、制冷和生活热水供应，海水能建筑应用总投资 3979 万元，供热制冷面积 11.9 万平方米，每采用 1 千瓦·时的电能产生 5.6 千瓦·时的制冷量或 4 千瓦·时的制热量，年节约标准煤 205 吨，该系统高档会所和三期酒店式公寓共 7.2 万平方米的试点工程被住房和城乡建设部确定为 2008 年可再生能源建筑应用示范项目，获得国家和青岛市财政补助 850 万元。目前已投入使用的 7000 多平方米高档会所供热制冷运行良好。

（三）地热源技术成熟应用

我区的福赢天麓湖项目、红状元小区等项目均运用了地源热泵技术，其中福赢天麓湖是青岛市唯一获得"国家级可再生能源利用建筑示范工程"殊荣的地产品牌。

四、建筑节能工作在实施中遇到的问题

（一）开发建设单位的节能意识不强

可再生能源建筑应用是一项新生事物，随着太阳能和热泵技术的不断发展，建筑应用规模越来越大。因宣传和培训力度不强，部分开发建设单位对可再生能源建筑应用认识不够，仅考虑自身建设项目的经济实力，没有综合考虑可再生能源建筑应用的环保效益和社会责任。

（二）前期投资较大

可再生能源建筑应用具有前期投资大，后期运行费用低的特点。海水能、污水能、浅层地能等热泵技术按建筑面积每平方米造价约 300 ～ 400 元，而传统的集中供热按建筑面积每平方米造价约 200 元，增加了可再生能源建筑应用的前期资金投入。

（三）缺少相应的配套政策

国家对可再生能源建筑应用示范推广项目实施一次性无偿补助，青岛市自 2007 年起每年设立 1000 万元的可再生能源建筑应用专项资金，按照被评为青岛市可再生能源应用项目的节能量进行统筹分配。我区在此方面一直没有相应的配套政策。

五、对我区建筑节能的建议

德国建筑能实现低能耗甚至零能耗，主要因为其很好地利用自然采光通风，合理利用外部能源来作为建筑使用能源，注重微气候的利用，在建筑单体方面，注重建筑的严密性，隔热保温材料的应用，雨水、绿地蓄水储热以及对废弃物的合理利用。我们需要将从德国学习到的先进理念运用到工作中，提高我们的建筑节能水平。

（一）提高开发建设单位的节能意识

积极组织开展培训交流，邀请国内外太阳能和热泵技术建筑应用方面的专家，结合工程实例进行讲解，从节能减排的社会责任和工程建设全寿命周期等方面进行综合经济技术测算，增强开发建设、设计、施工等单位人员的节能意识，尤其要大力提高开发建设单位可再生能源建筑应用的自觉性和主动性。

（二）完善激励机制，鼓励企业采用建筑节能新技术

1. 引导企业申请国家和青岛市补助资金

充分利用国家和青岛市对可再生能源建筑应用的补助政策，引导企业积极申报国家和青岛市级示范项目。

2. 设立区可再生能源建筑应用专项资金

建议加大对我区技术含量高、推广价值大、具有示范效应项目的扶持力度，一定程度上解决项目前期投资大的问题。

（三）在村庄改造项目中加强建筑节能技术应用

我区今后几年仍然有大量的村庄改造任务，尤其是辛安街道办事处，44个农村社区中仅完成改造社区8个，其余社区计划5年内完成，预计安置楼面积160万平方米，在村庄改造项目中加强建筑节能应用和监管工作意义重大。我们要在满足现有建筑节能设计标准的同时，在核心区、政府投资和具备条件的项目中鼓励采用更高的节能设计标准，采用新型节能材料，并大力推广应用太阳能、地源热等可再生能源，政府应在政策和财政方面给予扶持，鼓励建筑节能示范项目的发展，并优先申报地区和国家的节能示范建筑。

（四）引入合同能源管理模式，拓展融资渠道

聘请有实力的能源管理公司（EMC）实行特许经营（如南通市政府小区、广州大学城、青岛麦岛金岸、即墨鳌山卫等项目的供热制冷均采用该模式），建立多渠道融资机制。EMC首先无偿对划定区域（如安子、石雀滩等）进行可再生能源区域规划，合理确定能源站，在此基础上与区政府签订协议，采用BOT的方式进行供热制冷。EMC运用自己雄厚的经济实力、成熟的经验技术和争取国家补助等措施赚取利润，政府不必增加投资就可满足新增建筑用能需求。

（五）做好可再生能源的开发应用

1. 加强政策指导

依据出台的《青岛市民用建筑节能条例》，明确具备太阳能集热条件的12层及以下的居住建筑和实行集中供应热水的公共建筑，采用太阳能热水系统。

2. 做好新技术研发、发展配套产业

加快引进国内外资金，充分利用驻区高校的智力资源，建立并发展壮大我区可再生能源技术设备生产企业，力争把我区建成全国重要的可再生能源设备生产基地，使我区逐步成为集研发、制造、应用为一体的全国可再生能源建筑应用示范区。

3. 发挥示范作用促进全区建筑节能工作的进步

广泛开展利用不同可再生能源的试点工程建设，积累经验、改进技术，将好经验、新技术广泛应用于现阶段村庄改造安置楼的建设中。在安置楼、农民安置房、廉租房建设时，有条件的地块要率先利用太阳能和热泵技术，加大财政投资力度，建设富有地方特色的可再生能源建筑应用示范项目，充分发挥政府投资项目的表率作用。离海水、污水较近的民用建筑，优先考虑应用海水能或污水能供热制冷。离集中供热管网较远的民用建筑，优先考虑应用浅层地能供热制冷。通过技术的革新、旧建筑的节能改造和维护，从而带动全区可再生能源建筑规模化应用工作。

（六）积极宣传培训，营造齐抓共建氛围

充分发挥舆论的导向监督作用，通过电视广播、网络、报纸等方式大力宣传推广可再生能源在建筑中应用的重大意义，对可再生能源利用项目的运作模式、技术应用、运行管理等成功经验积极宣传，扩大影响，努力营造有利于可再生能源建筑应用工作的社会氛围。

附录一：

中德生态园基本情况介绍

　　2010 年 7 月，德国总理默克尔访华期间，中国商务部与德国经济和技术部签署了《关于共同支持建立中德生态园的谅解备忘录》，确定在中国青岛经济技术开发区内合作建立中德生态园。旨在加深两国在生态园领域的企业间合作，落实工业生产方面可持续发展项目、开发能源高效建筑，实现经济社会的可持续发展。

　　中德生态园选址位于青岛经济技术开发区北部，规划用地面积约 10 平方千米，其中允许建设区 2.57 平方千米，有条件建设区 7.43 平方千米。园区距青岛市行政商务中心 40 千米，距青岛流亭国际机场 30 千米，区位条件优越，交通条件便利，土地资源丰富，生态环境良好，拥有建设生态园区得天独厚的资源禀赋。

　　中德两国已确定五大重点合作领域：节能环保技术标准的研究和拟定；能源、环境新技术的开发、生产和应用；节能、生态示范建筑研究和建设；海洋城市生态规划和生态改造；职业教育和培训。根据上述合作领域，园区将大力发展节能环保、绿色能源、电动汽车、环保建材、机器人、海洋装备等高端制造业，以及科技研发、工业设计、电子信息、教育培训、金融服务等现代服务业。

　　根据中德生态园预定发展目标，中德两国拟在十年内，将其建设成为世界范围内具有广泛示范意义的高端产业生态园区、世界高端生态企业国际化聚集区、世界高端生态技术研发区和宜居生态示范区。为实现这一目标定位，园区将引进中德两国具有投资公司项目开发经验和资金实力的企业共同组成项目投资公司，负责中德生态园的园区规划、土地开发、项目引进和运行管理。

　　园区已完成概念规划编制工作。概念规划利用青岛特有的山海自然环境特征，以崂山千年自然形成的卵石作为概念主题，将园区规划为 8 个功能区，总建筑面积不低于 720 万平方米，容积率 0.7。其中，产业及配套用地 3.6 平方千米，居住及公共设施用地 2.0 平方千米，道路及生态绿地 2.4 平方千米。园区用地西北侧的 3 块圆形区域将承担大部分的高端产业功能；其他 5 个区域将结合高端研发办公和公共功能，规划设置住宅和服务功能。

　　中德生态园是中德两国政府领导人确定的政府间可持续发展示范合作项目，是中德联合公报的重要内容，也是中德双边会谈、会晤的重要议题。国家、省、市领导对中德生态园工作高度重视，党和国家领导人温家宝总理、贾庆林主席、李克强副总理访德期间，都强调要进一步推动中德务实合作，共同办好中德生态园，省市主要领导也多次对中德生态园项目做过批示。商务部明确由外资司牵头负责，欧洲司配合，省、市、区三级均专门成立了推进工作领导小组。

　　在国务院批复的《山东半岛蓝色经济区规划》中，中德生态园被列为重点项目之一；在青岛市正在规划的西海岸经济新区中，中德生态园被纳入七大功能区之一，园区拓展用地面积70平方千米；山东半岛蓝色经济区改革发展试点工作方案、青岛市"十二五"规划、2011年省市政府工作报告中，均对中德生态园进行了专门阐述。

中德生态园的规划建设意义重大。一是通过对世界绿色生态节能环保发展方向的超前研究和德国先进技术的引进，中德生态园将建设成为中国节能环保技术的应用和推广中心，乃至在部分领域拟定产生国家标准；二是通过中德两国工业生产方面可持续发展项目的合作，中德生态园将对青岛市按照中央经济工作会议精神，在东部地区率先实现"转方式、调结构"，起到积极的促进作用，并将对周边地区乃至山东半岛蓝色经济区发展产生积极的示范意义；三是作为西海岸经济新区规划的功能区之一，中德生态园将成为经济新区未来发展的巨大引擎，对经济新区的经济发展、城市建设及生态建设产生重大的带动辐射作用。

2011年5月和12月，中德双方在青岛召开了工作组第一次和第二次会议，签署了第一次会议联合纪要，举行了园

中德生态园区域位置图 Gebietsplan des Chinesisch-Deutschen ökologischen Parks

中德生态园概念规划鸟瞰图

中德生态园概念规划平面图

142

区奠基仪式。2012 年，园区全面启动建设。当前，随着中德生态园各项开发建设工作的落实，特别是其先进的规划设计理念和优越的产业发展方向，吸引着中德两国政府、社会及企业各界，对中德生态园的重视和关注程度不断增加，其对周边区域的示范引领和带动辐射作用已逐步凸显。

附录二:

德国部分城市简介

一、柏林

(一)城市概述

柏林(德语:Berlin),德国首都及其最大的城市,也是德国 16 个联邦州之一,因此也被称为柏林州,它和汉堡、不莱梅同为德国的城市州。它位于欧洲的心脏,是东西方的交汇点。城市面积 883 平方千米,其中公园、森林、湖泊和河流约占城市总面积的 1/4,整个城市在森林和草地的环抱之中,宛若一个绿色大岛。人口约 339 万。柏林有 750 年悠久的历史,1991 年成为德国的新首都。柏林的建筑多姿多彩,蔚为壮观。人们徜徉街头,随处可见到一座座古老的大教堂、各式各样的博物馆和巍然挺立的连云高楼。既有巴洛克风格的灿烂绚丽的弗里德里希广场,也有新古典主义风格的申克尔剧院;既有富丽堂皇的宫殿,也有蜚声世界的现代建筑流派作品。这些美不胜收而又经历了历史沧桑的各具特色的建筑,使人强烈感受着柏林的古典与现代、浪漫与严谨的氛围。柏林是座文化名城,全年几乎都有文化节,常常转瞬间,街道就变成了舞台,行人变成了观众。柏林是世界重要的文化学术交流场所之一,有柏林爱乐乐团、柏林电影节、还有音乐剧目"巴黎圣母"和众多国际著名的展览和博物馆。

(二)经济情况

柏林是德国主要工业区。工业以电机、电子、仪器、仪表最为发达,其次是机械、冶金、化工、服装、食品加工、印刷等。工业多分布在城市边缘的施潘道区、夏洛滕堡区、克罗伊茨贝格区、滕珀霍夫区及克珀尼克区、特雷普托等工业区。

农业用地在柏林面积中占相当比重,为其提供蔬菜、水果、花卉等,是附近地区尤其是东部腹地生产的小麦、燕麦和其他农产品的集散地。交通发达,有环形铁路和高速公路等交通大动脉,并有多条铁路交会,加之空中走廊,可便捷地与全国各地及欧洲其他国家的主要城市联系。

德国人均月收入税后大概有 3000 欧元 。

德国国会大厦

(三)交通情况

柏林是国际知名城市,也是旅游城市,人口密集,但市内一点也不堵车,原因

144

是平常私家小车并不开出。人们不是坐地铁、轻轨、公共汽车，就是骑自行车。柏林有地铁、轻轨、有轨电车，这些交通工具有环形的，有大量穿越而向外辐射的，织成了一张大网，四通八达，构成了欧洲最大的交通网络之一。车辆间隔时间很短，

随时有电子提示"哪辆车还有几分钟到"。大部分到柏林的人都坐火车进去，坐火车出来，不坐出租车，直接坐地铁，换轻轨，很是方便。所以，柏林的环境较好、天空是比较清澈的。

柏林拥有发达的公共交通系统：柏林地铁共有 9 条线，170 个车站；柏林城铁则有 15 条线，166 个车站；而柏林也拥有世界上历史最久的有轨电车系统之一，有 398 个车站。

柏林城市街景

柏林有 3 个商用机场——泰格尔国际机场（TXL）、坦佩尔霍夫国际机场（THF）以及舍奈费尔德国际机场（SXF）。在 2007 年，3 个机场共接待了超过 2000 万旅客，航班可到达世界上 173 个目的地。坦佩尔霍夫机场近年仅处理国内短程航班，已在 2008 年关闭，同时舍奈费尔德机场开始进行大规模的扩建，至 2012 年，柏林所有的商用航班都已转移至该机场。

二、慕尼黑

（一）城市概述

慕尼黑位于阿尔卑斯山北麓，是德国南部巴伐利亚州的文化中心兼首府，人口约 130 万，是仅次于柏林、汉堡的德国第三大城市。慕尼黑是一座多水的城市，伊萨尔河穿过城区，众多的湖泊形成大小无数的公园，全城拥有各种喷泉 2000 多个，不少已有百年以上的历史，出产的啤酒驰名全球，被誉为"啤酒之都"。慕尼黑城名原意为僧侣之地，其市徽就是一位修道士，称为"慕尼黑之子"。12 世纪中叶，巴伐利亚国王、狮子公爵亨利在此建起小镇，其后一直是拜恩王国维特尔斯巴赫家族的都城之地，成为德国南部最瑰丽的

宝马汽车总部

宫廷文化中心。现有大约 50 个公共博物馆和收藏馆以及众多的教堂塔楼等古建筑，拥有 1 座国家图书馆、40 多个剧院；全德实力最强的 3 所大学，慕尼黑就占了 2 所，即慕尼黑大学和慕尼黑工业大学。

慕尼黑夜景

（二）经济情况

慕尼黑在所有德国城市中经济实力最为强大，在德国的 3 个百万以上人口城市中失业率最低（5.6％，另两个城市是柏林和汉堡）。该市也是德国南部的经济中心。《新社会市场经济》（*Neue Soziale Marktwirtschaft*）和《商业周刊》（*WirtschaftsWoche*）杂志2006年在第三次比较调查中对慕尼黑的评分最高。2005年2月，《资本》（*Capital*）杂志在展望 2002 年到 2011 年 60 个德国城市的经济前景时，慕尼黑被列在首位。

慕尼黑被列为全球城市，是德国新经济的中心之一，是生物工程学、软件及服务业的中心，拥有宝马（汽车）、西门子（电子）、安联保险、慕尼黑再保险（Munich Re）、MAN AG（卡车制造）、MTU Aero Engines（飞机引擎制造）、Krauss-Maffei（注模机制造）、Arri（照相机和照明设备）、英飞凌（半导体，总部位于郊区的 Neubiberg）等大公司的总部。此外，麦当劳、微软、思科、雅培（Precision Plus）等许多跨国公司的欧洲总部也设在慕尼黑。2007 年，在德国 50 万以上人口的城市中，慕尼黑的人均购买力达 26648 欧元，排名第一。

慕尼黑是德国第二大金融中心（仅次于法兰克福），拥有裕宝联合银行（又名联合抵押银行，HypoVereinsbank）、巴伐利亚州银行（Bayerische Landesbank）；而在保险业领域，慕尼黑则胜过法兰克福，安联保险公司和慕尼黑再保险集团的总部都设在这里。

慕尼黑是欧洲最大的出版中心，拥有德国最大的日报之一南德意志报以及许多出版社（仅次于纽约市）。巴伐利亚电影厂位于 Grünwald 的郊外，是欧洲最大最著名的电影制片厂之一。

（三）交通情况

从法兰克福乘坐超特快 ICE，大约需要 3 小时 30 分钟就可以到达慕尼黑，从奥地利的萨尔茨堡乘坐 IC 特快需要 1 小时 30 分钟，从瑞士的苏黎世出发需要 4 小时 10 分钟左右。

慕尼黑市内交通可以乘坐有轨电车、公共汽车、地铁以及城郊列车。在慕尼黑市内人们可以使用欧洲铁道通票，如近郊列车、地铁列车以及市内电车、市内公共汽车。路线交织成网络，构成了慕尼黑运输联盟 MVV。车票采用 MVV 范围内所通用的收费标准，每个停靠站上都有说明牌。乘车前通过自动售票机买票。在下车前用车内的刻印机在票上打时间，如果乘公共汽车或市内电车，一上车需立刻打时时。千万别忘记在车票上打时间，否则会被认为逃票。在车票上所示区间内，只要不坐回程车，可以在上述这些交通工具中任意换乘。不过，从最初打印时刻开始，车票的有效时间依区间数而定。车票分为短距票和区间票两种，短距票允许乘坐两站列车或四站市内电车、公共汽车，区间票的最短乘距也大致可涵盖慕尼黑全市。

汉莎航空公司在慕尼黑设立了它的第二枢纽——弗朗茨·约瑟夫·施特劳斯国际机场，这是德国第二大机场，仅次于法兰克福国际机场。

以总站为中心实行区间制。市内观光只需购买中心部 1 张区票就可以。

三、汉堡

（一）城市概述

汉堡的全称是汉堡汉萨自由市（德语：Freie und Hansestadt Hamburg），是德国三大州级市之一，与德国其他 13 个联邦州地位相同，是德国最重要的海港和最大的外贸中心、德国第二金融中心，也是德国北部的经济和文化大都市。面积 755.3 平方千米，人口 180 万。市中心有两个美丽的湖泊，西北面 100 千米处北海中的 3 个小岛也属于汉堡州。汉堡的面积仅次于柏林，是德国的面积第二大城，也是世界上著名"水上城市"之一，是欧洲拥有桥梁最多的城市。由于港口和工商业的发展，这个美丽的城市迅速地繁荣起来，被称为"德国通向世界的门户"。市内河道纵横，流水穿街，许多楼房建在河面上，素有"北方威尼斯"之称，风景甚是迷人。

汉堡街景

（二）社会经济

汉堡的企业多与港口（海

汉堡城市乌瞰

港兼河港）、外贸相联系，主要有电子、造船、石油炼制、冶金、机械、化工、橡胶、食品等工业。汉堡是德国重要的铁路枢纽和航空站，文化、银行和保险业发达，设有汉堡大学以及艺术、航海等专业院校、博物馆等。汉堡在的1842年大火及第二次世界大战时曾先后遭到严重破坏，战后进行了重建，并在市北兴建了新的商业中心。阿尔斯特湖滨地带集中了全市主要文化设施、旅馆、办公大楼等。

除美国西雅图外，汉堡是世界上第二大飞机制造区，生产"空中客车"。汉堡大多数工业和外贸有关。汉堡是音乐家门德尔松和勃拉姆斯的故乡，有多座剧院、6座博物馆和多所高等学校。

（三）航运交通

汉堡是世界大港，被誉为"德国通往世界的大门"。世界各地的远洋轮来德国时，都会在汉堡港停泊。汉堡交通十分发达，市内河道纵横，有1500多座桥梁。主要河道的河底建有隧道，汉堡有着世界上最长的城市地下隧道。港口距离北海有110多公里，主要分布在南岸，对面是城区圣堡利和阿拖纳。港口北距易北河口120余公里，航道水深13～16米，大型海轮可直达。有300多条航线和世界各主要港口相连。货物吞吐量6310.36万吨。港区设占地16.2平方公里的"自由港"，主要经营转口贸易。

由于汉堡的地理环境，使得其交通非常便利。它有3条地铁线，6路城内快速高架列车，3路城郊快速连接火车和9路地区火车。市内的交通可谓是地上和地下，水上和天上，国铁和私铁，公共汽车和出租车一应俱全，在主要的河道下还有连通两岸的河底隧道。

四、斯图加特

（一）城市概述

斯图加特（Stuttgart）位于德国西南部的巴登－符腾堡州中部内卡河谷地，靠近黑森林和士瓦本。它不仅是该州的州首府，也是州级管辖区及斯图加特地区首府和该州的第一大城市、德国第六大城市。市域人口约 300 万。同时也是该州的政治中心：巴 - 符州议会、州政府、众多的州政府机关部门均设在这里。它还是铁路枢纽、河港、国际航空站。

（二）经济情况

斯图加特是德国南部仅次于慕尼黑的工业城市。有电子、汽车、机械、精密仪器、纺织、食品等工业；世界著名汽车城，奔驰汽车公司所在地；出版业中心；多所高等院校、博物馆等。附近有大矿泉和葡萄园，是重要的矿泉水、葡萄酒产地。哲学家黑格尔诞生于此。

（三）交通情况

交通枢纽：斯图加特是巴登 - 符腾堡州重要的交通枢纽。在城南莱菲德恩 - 艾希特丁恩拥有一座全州最大的斯图加

斯图加特城市一瞥

特机场（机场代码 :STR）。2004 年 3 月该机场的第三航站正式运营，使该机场的客运量增至 1200 万，2003 年该机场共运送旅客 760 万，今年预计会达到 830 万人次。斯图加特当然也是重要的铁路枢纽。从这里旅客可以方便地到达卡尔斯鲁厄、斯特拉斯堡、巴黎方向，曼海姆 - 科隆方向，乌尔姆 - 慕尼黑方向，苏黎世 - 米兰方向以及海尔布龙 - 纽伦堡方向的任何城市。同时斯图加特的康威斯特海姆火车站也是重要的列车编组站之一。

对外交通：两条德国重要的高速公路 A8（巴黎 - 慕尼黑）和 A81（苏黎世 - 维尔茨堡）在斯图加特交汇，构成了斯图加特重要的对外交通网。同时，一座内陆河港也成为了斯图加特货运的主力。

市内交通：由德国

奔驰汽车总部

铁路公司（DB）和地区政府联运的 6 条轻轨列车线路（S-Bahn），连接了整个斯图加特地区的大小城镇。其市内共有 18 条地下铁线路（U-Bahn）（包括个别特殊线路）、1 条有轨电车线路、1 条齿轮有轨电车线路、1 条缆车线路和不计其数的公共汽车线路，全部由斯图加特有轨电车公司（SSB）独自经营。作为补充，也有众多私营交通运输公司开辟了新的公共汽车线路，但是，所有的交通运输公司都必须由斯图加特交通和价目联盟（VVS）统一管理，该联盟不仅制订统一的车票样式及价格，还提供内容详尽的车次查询系统。

五、法兰克福

（一）城市概述

法兰克福，德国重要的工商业、金融和交通中心，黑森州最大城市，德国第五大城市，始建于公元 794 年。它位于莱茵河中部的支流美因河的下游，面积 248.31 平方千米，人口约 67 万，14 至 18 世纪为德意志皇帝选举及加冕处。它是德国最大的航空站、铁路枢纽。德意志联邦银行、欧洲央行及其他大银行总部多设于此。工业以化学工业（染料、制药、化肥、人造纤维、合成橡胶）最为发达，其次是电子机械等。人文方面，这里是德国著名诗人歌德的诞生地，有歌德大学、博物馆等。它在第二次世界大战时曾遭到严重破坏，战后重建为现代化大城市，被誉为"莱茵河畔的曼哈顿"。

（二）经济情况

法兰克福市不但是德国金融业和高科技业的象征，还是欧洲货币机构聚拢之地。此处有 400 多家银行、770 家保险公司以及无以计数的广告公司，此处，还有欧盟中心银行总部、德意志联邦银行总部、证券交易所和黄金交易所等。法兰克福证券交易所是世界最大的交易所之一，其规模仅次于纽约和东京的交易所，经营德国 85% 的股票交易。 法兰克福是欧洲少数几个有摩天大楼的城市之一，欧洲最高的 10 座摩天大楼有 8 座在法兰克福。法兰克福是一个繁华的贸易城市，工业以化学为首，德国三大化学工业公司之一的赫希斯特公司即是在法兰克福起家的。第三产业如交通、金融、浏览事业也蓬勃发展。

莱茵河畔的法兰克福

（三）交通情况

法兰克人的基督教主教会议所在地最初位

于缅因河唯一的渡口，而法兰克福这一城市的名字也正因此得名——它源自于拉丁文"Franconofurd"，意思是"法兰克人的渡口"。便利的交通条件使法兰克福很快发展成为一个重要城市。

飞机：法兰克福的莱茵－美因机场是欧洲的第二大航空港，也是德国通向世界的门户，它每年的客运量高达 1800 万人次。在此起飞的飞机飞往全世界的 192 个城市，有 260 条航线把法兰克福同世界紧密地联系在一起。从法兰克福市中心到机场非常便利。无论是汽车、地铁，还是火车都可直达机场。

火车：机场火车站就在 1 号机场大楼。从机场火车站乘坐 S-Bahn 至法兰克福总站需 10 分钟，每 10 分钟一班车。前往其他德国城市的旅客，可在机场火车站的旅游中心取票。法兰克福总站共有 24 个站台，时刻有国内国际列车在那里始发、到达。车站地下层设有近郊列车站、市内列车站以及购物中心。

市内交通：近郊列车、城区列车、市内列车以及市内公共汽车车票在 FVV（法兰克福运输联合会）范围内是通用的。

六、不莱梅

（一）城市概述

不莱梅是联邦德国第二大港，北部工业城市，不莱梅州首府。位于威悉河下游，距北海 70 千米，面积 326 平方千米，人口 53.58 万。公元 787 年建立主教区，1186 年设市。1358 年加入汉萨同盟后，发展成为德国北部宗教、商业中心。1815 年加入德意志联邦。1947 年与不莱梅哈芬等地组成不莱梅州。为使港区及航道适应航运发展的需要，19 世纪起疏浚威悉河，使海轮可直达内港；同时在河口建设新港区。码头岸线长达 14 千米。第二次世界大战后又实现了海港设备现代化。1980 年港口吞吐量达 1600 万吨。工业主要有船舶修造、汽车、电子、机械制造、食品、纺织及服装等。20 世纪 70 年代建成联邦德国沿海最大的钢铁厂克勒克纳公司的不莱梅厂，该厂年产钢能力 500 万吨，建有世界先进水平的连续式热轧宽带钢车间。旧城区在威悉河北岸，新市区在南岸，有 3 座公路桥及 1 座铁路桥相连。城内有不莱梅大学、工程技

宁静美丽的不莱梅

术研究所、航海博物馆、水族馆等。市中心有文艺复兴时代建造的市政厅、圣贝特利大教堂等古建筑和象征自由市的罗兰骑士塑像。运动场地众多，公园遍及全城。

（二）经济情况

近年来，不莱梅经济发展相对较快，经济增长速度自 2000 年以来大多超过全德平均经济增长率。一、二和三产业在其经济中所占的比重分别为 0.3%、31% 和 68.7%。港口、造船、渔业和食品加工是不莱梅的传统产业。

工业支柱产业为汽车制造和航空航天。全球奔驰轿车销量的近 1/4 在不莱梅生产；空客公司不莱梅分厂是德国仅次于汉堡的第二大飞机研发和生产基地，主要负责宽体飞机机翼的生产和组装。欧洲最大的航天企业阿斯特里姆（Astrium）集团在不莱梅的基地参与生产阿里亚娜运载火箭，承建国际空间站的欧洲部分——哥伦布研究实验室，并与其他公司及研究机构协作研制了支持和监测空间站运行的分析与诊断中心。

不莱梅是棉花、咖啡和烟草等商品的重要交易市场，也是德国食品的生产中心之一，最有名的产品包括咖啡、巧克力、面粉、奶制品、调料、水产品和啤酒。

（三）交通情况

不莱梅国际机场坐落在不莱梅市南部。不莱梅还是铁路交会点，汉堡、鲁尔区和汉诺威、不莱梅哈芬的主干线在此交汇，主干线继续向奥登堡分支。不莱梅通过 IC- 线路与汉堡、科隆、奥登堡、莱比锡相连，通过 ICE 线路与法兰克福、慕尼黑一线相连。

地区干线与 S-Bahn 相似，从不来梅到罗滕堡（维默河）、退斯特宁根、奥登堡和 Verden，还有快速地区干线开往奥斯纳布克、不莱梅哈芬、NorddeichMole、汉堡和汉诺威。

七、海德堡

（一）城市概述

海德堡位于斯图加特和法兰克福之间，是德国巴登 - 符腾堡州的城市，2002 年城市面积 109 平方千米，居民 14 万左右。海德堡坐落于内卡河畔，内卡河在此处由狭窄而陡峭的奥登山（Odenwald）山谷流向莱茵河河谷，并与莱茵河在海德堡西北 20 千米处的曼海姆交汇。著名的海德堡城堡位于内卡河边海拔 200 米高的山上，"俯视"着狭长的海德堡老城。海德堡是一个充满活力的传统和现代混合型城市，过去它曾是科学和艺术的中心，如今的海德堡延续传统，在城市内和城市附近建有许多研究中心。海德堡不仅有着引以为荣的中世纪城堡，而且还拥有欧洲最古老的教育机构之一——海德堡大学。曾在海德堡大学学习和工作的著名思想家有黑格尔、诠释学哲学家伽达默尔、社会学家哈贝马斯以及卡尔奥托·阿佩尔。海德堡大学最著名的学生当属 1817 年发明自行车的 Karl Drais 及浪漫主义诗人艾兴多夫。

（二）经济情况

海德堡街景

　　今天，海德堡是德国乃至欧洲的一大科研基地，有"欧洲的硅谷"之称。这里有历史悠久的文化名城和高科技新城。在国际经济合作与开发组织的主要工业化国家市场上，海德堡公司始终是市场上的领军者；同时，在经济发展迅速的亚洲、东欧地区，海德堡公司正在快速融入当地市场。海德堡公司在全球6个国家中设有技术研发与生产基地，此外还拥有约250个销售分支机构，向全球逾20万用户提供服务。海德堡公司销售额中的85%来源于自己的营销机构，而其中的80%以上又来自德国以外的国家和地区。在2005～2006年财政年度中，海德堡公司在印刷、印后、融资服务等领域取得的营业额达35.86亿欧元，净利润达1.35亿欧元。截至2006年3月31日，海德堡集团全球共有18716名员工。

　　（三）交通情况

　　飞机：海德堡并无机场，但是北边距离德国最大航运中心的法兰克福仅约80千米，往来交通极为方便，不论自行驾车或搭火车均可快速抵达。

　　火车：由于坐落河川谷地，海德堡并不直接位于主要干线上，但

山水间的海德堡

是旅客数量的众多却使这段应属支线的铁路有着频繁的班次，与其他城市相通亦无阻碍。位于城市西部的火车站，可前往法兰克福、汉堡、奥芬堡、巴登巴登、福莱堡、康斯坦兹、巴塞尔、斯图加特、乌姆、奥格斯堡、慕尼黑、萨尔兹堡、曼海姆、科隆、多特蒙德、乌兹堡等地，其四通八达的程度与平原区主干线上的大站，有过之而无不及；火车，可能是自助旅行者前往海德堡的最佳交通工具。

八、科隆

（一）城市概述

科隆横跨莱茵河两岸，人口 99.8 万（2009 年），面积 405 平方千米，是德国第四大城市。一译"科伦"。它于公元前 38 年建为古罗马要塞，曾是汉萨同盟主要成员。因位居欧洲东西和南北交通要冲，中世纪时科隆的经济已颇发达。19 世纪中叶后，随着鲁尔煤田开发和铁路修筑，其经济发展更迅速。科隆拥有巨大水陆交通枢纽和重要的河港。科隆 - 波恩航空站位于东南郊，市内有通往布鲁塞尔、波恩等地的直升飞机场。第二次世界大战时城市遭严重破坏。这里古迹众多，如著名科隆大教堂、罗马时代地下广场等。马克思和恩格斯曾在此创办《新莱茵报》。科隆还是一个以罗马式教堂和哥特式大教堂闻名于世的城市。屹立在莱茵河边的科隆大教堂高 157.31 米，它有两座哥特式尖塔，北塔高 157.38 米，南塔高 157.31 米。科隆大教堂是世界上目前最高的双塔教堂。

（二）经济情况

科隆工业有军工、冶金、机械、化学、制药、炼油、纺织、食品等部门，全国重要褐煤产地之一，建有大火电站，是德国金融中心之一。

（三）交通情况

航空：德国航空公司 Lufthanza(LH) 在国内各大都市均有班机来往。国内线应于半小时以前办理，若路线不熟，最好能提早 1 小时到机场。

铁路：列车的种类有近郊列车 Nahverkehr、快车 Eilzug(E)、特快车 D-Schnellzug(D)、国内主要都市特快车 Intercity(IC)、国际主要都市特快车 International Intercity (IIC)、欧洲国际快车 Trains Europa Express(TEE)。德国列车以 ICE 的速度最快，时速高达近 300 千米。车厢设备比法国的 TGA 更加豪华，头等车厢有电视，座位很宽敞。其次是 IC 和 TEE，德国列车相当准时，不可迟到。欧洲火车证适用于德国所有列车，但乘 ICN 夜车则须补车费，此外还有其他优惠，如乘各大城市的 S-Bahn（即有轨电车，连接市区与近郊之间）、DB 巴士（车上印有 Bahn），浪漫之路和堡垒之路的旅行，搭乘 KD（Koln-Dusseldorf）航运公司的游船以及航运于莱茵河和摩泽尔河（Mosel）的客轮（乘快艇可享受半价优惠）都是免费的，地铁（U-Bahn）除外。

公路：德国境内有十分发达的高速公路网和四通八达的联邦道路 Bundesstrasse。

夜色下的科隆大教堂

州际交通：从法兰克福乘坐 IC 特快，约 2 小时 15 分钟后，可抵达科隆。这里是铁路交通枢纽，因而还有不少国际列车始发或到达，主要有通往比利时和荷兰方向的国际列车。

九、奥格斯堡

（一）城市概述

奥格斯堡是由两个商人世家——富格（Fugger）和威尔士经营远方贸易和银行业务逐渐发展起来的。在那个时代出现的建筑物，至今影响着奥格斯堡的市容。奥格斯堡人口 25.8 万。作为施瓦本的行政首府和巴伐利亚第三大城市，奥格斯堡在电力建设、纺织和造纸方面，代表着一个重要的工业中心。1806 年，由于失去了帝国自由城市法，奥格斯堡眼看着自己被并入巴伐利亚王国。尽管在第二次世界大战时破坏严重，但奥格斯堡还是保存了文艺复兴时期首府的令人印象深刻的外貌。

（二）经济情况

由于交通便利，在历史上奥格斯堡就是一个重要的工业区，过去甚至是纺织业的中心。今天纺织业几乎已经完全从市区消失了。市内有一些工业企业的大工厂，比如在老城表上有 MAN、电灯公司欧司朗、造纸公司芬欧汇川集团的工厂。2005 年德国第三大建筑公司沃特建筑公司倒闭前其总部也在奥格斯堡。第二个大工业区是豪恩施戴藤（Haunstetten）工业区，这里有航空航天公司欧洲宇航防务集团西门

安迅信息系统股份有限公司在奥格斯堡的主楼

子公司的一个技术部。在莱希豪森有工业机器人和焊接设备制造商库卡以及世界上最大的天主教出版社世景出版集团。安迅信息系统股份有限公司德国的总部就在奥格斯堡西的克里克斯哈伯区。

（三）交通情况

航空：奥格斯堡机场是第二次世界大战后建造的，位于市区东北部。从1980年至2005年它是一个地区性机场，有班机飞往德国国内其他机场。

铁路：奥格斯堡目前有7个火车站，其中中心火车站是最重要的。从这里到慕尼黑的铁路是德国交通最繁忙的铁路线。从慕尼黑出发的ICE列车和城际列车通过这里开往柏林、多特蒙德、法兰克福、汉堡和斯图加特。通过欧洲洲际列车它与阿姆斯特丹、巴黎和维也纳相连。此外，从中心火车站还有开向周边城镇的地区性列车。

公路：通过奥格斯堡市区的最重要的远距公路是连接慕尼黑与斯图加特的德国8号联邦高速公路。在奥格斯堡市区内它有4个出入口。此外奥格斯堡是4条联邦公路交叉的枢纽：2号联邦公路、10号联邦公路、17号联邦公路和300号联邦公路。

十、黑森林

（一）森林概述

黑森林（Schwarzwald）是德国最大的森林山脉，位于德国西南部的巴登－符腾堡州。黑森林的西边和南边是莱茵河谷，最高峰是海拔1493米的菲尔德山。黑森林大部分被松树和杉木覆盖，其中一部分是经济林。人们之所以称其为"黑森林"，是因为山上林区内的森林密布，远远望去显得黑压压的一片。但上世纪的玻璃工业对木材需求巨大，加上农业开发，整个黑森林地区的森林覆盖面积只及罗马时代的10%左右。近年来，人们开始注重环保后森林比率得以恢复至60%左右。

（二）经济情况

漫游黑森林的人们还可见到许多越来越少见的行业，如玻璃吹制、管风琴制造、打铁和制革业等，而黑森林的钟表业至今仍可称得上是真正的传统手工业艺术。从前，每当寒冷的夜晚，山区的农民就守在家中精心雕刻木制人物及器具。其中以杉木布谷鸟钟最为出名。这种钟表因其手工绘制而更具特色。黑森林地区过去的这种家庭手工业，现在已发展成大大小小的工厂，其产品已走向国际市场，今天，人们在世界各地都能看到黑森林的布谷鸟钟。1875年，一座巨大的海尔曼雕像在黑森林竖立起来，这座雕像至今仍然完好，供无数后人凭吊。

（三）交通情况

黑森林是居于欧洲心脏部位的一支中型山脉，西部与法国接壤，南部与瑞士交界。

飞机：乘坐飞机的游客可以通过法兰克福、斯特拉斯堡、斯图加特和苏黎世的大型国际空港轻松抵达黑森林。此外，黑森林地区本身还拥有巴塞尔－米鲁兹－弗莱堡欧洲机场和位于卡尔斯鲁厄附近的巴登机场。

黑森林城市风貌

火车：沿着黑森林度假区西部边缘修建的莱茵河谷铁路自北向南通向瑞士。穆克谷铁路、黑森林铁路以及荷伦谷铁路则从东向西横穿了黑森林山脉。黑森林北部边缘的铁路从卡尔斯鲁厄出发，途经弗兹海姆，通往斯图加特，位于度假区南部的高地莱茵铁路则将巴塞尔与博登湖相互连接。

公路：A5高速公路从北向南贯穿了整个黑森林西部地区，A81高速公路则贯穿了黑森林东麓，黑森林度假区的北部与A8高速公路相连，而巴塞尔－苏黎世高速则与其南部边缘相距不远。

后 记

　　本书作为一个汇编册子，由培训期间课堂笔记和学员论文组成。其中课堂笔记主要由王海建同志完成，图片由王云龙同志拍摄，总结文稿由徐全征同志完成。编辑成书而出版，一则作为大家学习的一个经历、收获、体会而留念，二则考虑所听所看所想或许会对阅者有所借鉴之处。在编订过程中得到青岛职业技术学院孔宪思副院长、纪委刘伟书记、李永生教授精心指导和支持，图书馆张洪振、刘洁、李宇建三位同志在设计排版方面做了大量工作。青岛职业技术学院图书馆丁洪霞副馆长做了大量联系协调工作，在此一并表示衷心感谢。

编者

2013.3.17